Maren Deistler, Hubert Rohrhofer



# Fachrechnen für Gärtner/Gärtnerinnen

1. Auflage

Bestellnummer 11219

Bildungsverlag EINS

**service@bv-1.de**
**www.bildungsverlag1.de**

Bildungsverlag EINS GmbH
Ettore-Bugatti-Straße 6-14, 51149 Köln

ISBN 978-3-427-**11219**-8

# Inhaltsverzeichnis

# Vorwort

Im vorliegenden Lehrbuch werden Unterrichtsinhalte des Mathematikunterrichtes der Haupt-, Real- und Oberschule den Auszubildenden in kurzen und beispielhaften Erklärungen erläutert und in berufstypischen gärtnerischen Aufgabenstellungen angewandt.
Die ersten Aufgaben im jeweiligen Kapitel können entsprechend des jeweiligen Berechnungsbeispiel exemplarisch gelöst werden.
Die weiteren Aufgaben sind mit steigendem Schwierigkeitsgrad entwickelt, um die Auszubildenden zu befähigen, Problemlösestrategien zu entwickeln.

Das verwendete Zahlenmaterial (z. B. Höhe der Mehrwertsteuer, Lohnsteuertabellen) entspricht dem Stand Januar 2016. Aus diesem Grund ist es notwendig, bei entsprechenden Aufgaben die aktuellen Zahlen zu verwenden.

# 1 Mathematische Grundbegriffe

## 1.1 Mathematische Zeichen

| Zeichen | Bedeutung | Zeichen | Bedeutung |
|---|---|---|---|
| = | (ist) gleich | + | Addieren (plus) |
| ≠ | (ist) ungleich | – | Subtrahieren (minus) |
| ≈ | angenähert gleich, nahezu gleich | · oder x | Multiplizieren (mal) |
| ≙ | entspricht | / : | Dividieren (geteilt durch) |
| < | kleiner als | % | Prozent, vom Hundert |
| ≦ | kleiner oder gleich | ‰ | Promille, vom Tausend |
| > | größer als | $\sqrt{a}$ | Quadratwurzel aus a |
| ≧ | größer oder gleich | ∢ | Winkel |

## 1.2 Dezimale Vielfache und Teile von Einheiten

| Vorsilbe | Abkürzung | Einheit mal | Beispiele |
|---|---|---|---|
| Peta- | P | $1\,000\,000\,000\,000\,000 = 10^{15}$ | PJ |
| Tera- | T | $1\,000\,000\,000\,000 = 10^{12}$ | |
| Giga- | G | $1\,000\,000\,000 = 10^{9}$ | |
| Mega- | M | $1\,000\,000 = 10^{6}$ | MJ, Mt |
| Kilo- | k | $1\,000 = 10^{3}$ | km, kg, kt, kJ |
| Hekto- | h | $100 = 10^{2}$ | ha, hl |
| Dezi- | b | $0{,}1 = 10^{-1}$ | dm, dt |
| Zenti- | c | $0{,}01 = 10^{-2}$ | cm, cl |
| Milli- | m | $0{,}001 = 10^{-3}$ | mm, ml, mg |
| Mikro- | μ (My) | $0{,}000001 = 10^{-6}$ | μm |

Rechnen Sie folgende Maßeinheiten um.

| | | | |
|---|---|---|---|
| 4,4 kg | in g | 420 dm³ | in dl |
| 35 000 m² | in ha | | |
| 1 km | in dm | 1 m | in km |
| 1 t | in dt | 1 a | in ha |
| 1 hl | in l | 1 cm | in m |
| 1 dm | in mm | 1 ml | in cl |
| 1 cl | in ml | 1 mm | in cm |
| 1 mm | in µm | 1 µm | in cm |

## 1.3 Größen und Einheiten

| Physikalische Größe | Formelzeichen | SI-Einheiten und abgeleitete SI-Einheiten | Einheitenzeichen | Wichtige Umrechnungen |
|---|---|---|---|---|
| Länge | *l* | Meter | m | 1 m = 10 dm; 1 dm = 10 cm; 1 cm = 10 mm; 1 mm = 1 000 µm |
| Flächeninhalt | *A* | Quadratmeter | $m^2$ | 1 $m^2$ = 100 $dm^2$; 1 $dm^2$ = 100 $cm^2$; 1 $cm^2$ = 100 $mm^2$ |
| Volumen | *V* | Kubikmeter | $m^3$ | 1 $m^3$ = 1 000 $dm^3$; 1 $dm^3$ = 1 000 $cm^3$; 1 $cm^3$ = 1 000 $mm^3$ |
| Masse | *m* | Kilogramm | kg | 1 t = 1 000 kg; 1 kg = 1 000 g |
| Dichte | *ϱ* (Rho) | $\frac{\text{Kilogramm}}{\text{Kubikmeter}}$ | $\frac{kg}{m^3}$ | $1\,\frac{t}{m^3} = 1\,\frac{kg}{dm^3} = 1\,\frac{g}{cm^3}$; $1\,\frac{kg}{dm^3} = 1\,000\,\frac{g}{cm^3}$ |
| Zeit | *t* | Sekunde | s | 1 h = 60 min; 1 min = 60 s |
| Geschwindigkeit | *v* | | $\frac{m}{s}$ | $1\,\frac{m}{s} = 1\,\frac{km}{h} = 1\,\frac{m}{min}$ |
| Temperatur | *T* *ϑ* (Theta) | Kelvin, Celsius | K °C | 0 K = −273 °C; 0 °C = 273 K; 100 °C = 373 K |
| Arbeit, Energie, Wärmemenge | *W* *Q* | Joule | J | 1 J = 1 Nm = 1 Ws; 1 kWh = 3 600 000 Ws |
| Leistung Wärmeleistung | *P* $\dot{Q}$ | Watt | W | $1\,W = 1\,\frac{J}{s} = 1\,\frac{Nm}{s}$ |
| Elektrische Stromstärke | *I* | Ampère | A | 1 kA = 1 000 A; 1 A = 1 000 mA |

| Physikalische Größe | Formelzeichen | SI-Einheiten und abgeleitete SI-Einheiten | Einheitenzeichen | Wichtige Umrechnungen |
|---|---|---|---|---|
| Elektrische Spannung | $U$ | Volt | V | 1 kV = 1 000 V; 1 V = 1 000 mV |
| Elektrischer Widerstand | $R$ | Ohm | Ω | $1\ \Omega = 1\ \frac{V}{A}$; 1 kΩ = 1 000 Ω; 1 Ω = 1 000 mΩ |
| Spezifische Wärme | $c$ | $\frac{\text{Kilojoule}}{\text{Kilogramm} \cdot \text{Kelvin}}$ | $\frac{kJ}{kg \cdot K}$ | |
| Wärmedurchgangszahl | $k$ | $\frac{\text{Watt}}{\text{Quadratmeter} \cdot \text{Kelvin}}$ | $\frac{W}{m^2 \cdot K}$ | |

## 1.4 Formelgleichungen

Mathematische Aufgaben werden häufig mit Formelgleichungen gelöst. Sind alle Größen bis auf eine bekannt, kann die unbekannte Größe berechnet werden.
Beim Rechnen mit Gleichungen gelten folgende Regeln:

1. Da beide Seiten einer Gleichung den gleichen Wert darstellen, dürfen sie vertauscht werden.

2. Auf beiden Seiten der Gleichung darf dieselbe Zahl addiert oder subtrahiert werden.

3. Beide Seiten der Gleichung dürfen mit derselben Zahl (außer 0) multipliziert oder dividiert werden.

4. Zahlen oder unbekannte Größen dürfen durch andere, gleichwertige ersetzt werden.

**Beispiele:**

a) Ein Gewächshaus ist 6,20 m lang, 5,30 m breit und 2,55 m hoch.
Wie groß ist das Volumen des Gewächshauses?

Formel: $V = l \cdot b \cdot h$

Rechnung: $V = 6{,}20\ \text{m} \cdot 5{,}30\ \text{m} \cdot 2{,}55\ \text{m}$

$V = \underline{\underline{83{,}793\ \text{m}^3}}$

Statt $l \cdot b$ kann auch $A$ eingesetzt werden.
$A = 6{,}20\ \text{m} \cdot 5{,}30\ \text{m} = 32{,}86\ \text{m}^2$

Formel: $V = A \cdot h$

Rechnung: $V = 32{,}86\ \text{m}^2 \cdot 2{,}55\ \text{m}$

$V = \underline{\underline{83{,}793\ \text{m}^3}}$

b) $\text{Geschwindigkeit} = \dfrac{\text{zurückgelegter Weg}}{\text{benötigte Zeit}}$

$$v = \frac{s}{t}$$

Geschwindigkeit und zurückgelegter Weg sind bekannt. Es soll die Gleichung nach der Zeit ($t$) umgestellt werden:

$$v = \frac{s}{t}$$

## Aufgaben:

1. Stellen Sie folgende Formeln um:

a) $A = A_1 + A_2 + A_3$ nach $A_2$

b) $V = r^2 \cdot \pi \cdot h$ nach $h$

c) $A = r^2 \cdot \pi$ nach $r$

d) $A = \sqrt{b + c}$ nach $b$

e) $I = \dfrac{U}{R}$ nach $R$

f) $h = \dfrac{A}{d \cdot \pi}$ nach $A$

g) $U = d \cdot \pi$ nach $d$

h) $V = \dfrac{l \cdot b \cdot h}{3}$ nach $l$

i) $a - (b + c) = d$ nach $b$

j) $(a + b) \cdot c = d^2$ nach $c$

2. Setzen Sie die rechte Formel in die linke Formel ein und stellen Sie um:

a) $\varrho = \dfrac{m}{V}$; $V = A \cdot h$ nach $A$

b) $V = A \cdot h$; $A = r^2 \cdot \pi$ nach $r$

c) $v = \dfrac{s}{t}$; $s = \dfrac{A}{b}$ nach $b$

d) $R = \dfrac{U}{I}$; $U = \dfrac{P}{I}$ nach $P$

e) $U = d \cdot \pi$; $d = 2r$ nach $r$

# 2 Taschenrechner

## 2.1 Einführung

Heutzutage ist die Benutzung eines Taschenrechners im täglichen Leben eine Selbstverständlichkeit geworden. Die neuesten Taschenrechner sind mit Computeralgebrasystemen (CAS) ausgerüstet, die nicht nur mit Zahlen, sondern beispielsweise auch mit Funktionen und Variablen arbeiten können.

Ein einfacher Taschenrechner besitzt folgende Funktionstasten:

**Tastensymbole:**

| Taste | Funktion | Taste | Funktion |
|---|---|---|---|
| ON | Einschalten | M+ | Speicheraddition |
| OFF | Ausschalten | M− | Speichersubtraktion |
| $X^2$ | Quadrattaste | MR | Speicher abrufen |
| CE | Löschung des zuletzt eingegeben Wertes | MC | Speicher löschen |
| C | Löschung der gesamten Werte | ÷ | Division |
| $\sqrt{\ }$ | Quadratwurzel | × | Multiplikation |
| +/− | Vorzeichenwechsel | − | Subtraktion |
| % | Prozent | + | Addition |
| π | Konstante π | = | Ergebnis |
| | | , | Dezimalkomma |

## 2.2 Grundrechenarten

### Beachten Sie grundsätzlich:

- Vor Rechenbeginn muss der Rechnerspeicher gelöscht sein, gegebenenfalls Löschtaste drücken. Wird die Ergebnistaste betätigt, erscheint das Ergebnis. Sollte mit dem Ergebnis weitergerechnet werden, muss die entsprechende Funktionstaste gedrückt werden. Gibt man nach dem Drücken der Ergebnistaste neue Ziffern ein, wird automatisch das vorhergehende Ergebnis gelöscht.
- Prüfen Sie, ob das angezeigte Ergebnis praxisrelevant ist.
- Taschenrechner werden auch aufgrund ihrer Eingabelogik unterschieden, d.h. es gibt Taschenrechner, die Aufgaben in der Reihenfolge rechnen, in der sie eingegeben werden und beachten zum Beispiel nicht, dass „Punktrechnung vor Strichrechnung“ erfolgt. Informieren Sie sich deshalb in der Bedienungsanleitung Ihres Taschenrechners auch darüber, ob er die Reihenfolge der Operatoren berücksichtigt.

  Einf. Taschenrechner: $5 + 4 \cdot 3 = 27$
  Richtige Rechnung: $(4 \cdot 3) + 5 = 17$

### Addition und Subtraktion

328,5 + 173,6 − 282,9 = [328,5] [+] [173,6] [−] [282,9] [=] 219,2

Eingabe — Anzeige

### Multiplikation und Division

a) 426,5 · 4,17 = [426,5] [×] [4,17] [=] 1 778,505

b) 1 584,135 : 32,9 = [1 584,135] [÷] [32,9] [=] 48,15

Beachten Sie bei Aufgaben, die mit Bruchstrich angeschrieben sind, dass alle Faktoren im Nenner als Teiler (Divisoren) aufzufassen sind.

c) $\frac{3{,}5 \cdot 72 \cdot 250}{24 \cdot 6{,}25}$ = [3,5] [×] [72] [×] [250] [÷] [24] [÷] [6,25] [=] 420

### Ketten- und Klammerrechnungen

a) 15 − 9 + 35 : 5 = [35] [÷] [5] [+] [15] [−] [9] [=] 13

Sie müssen beim Eintippen in einen einfachen Taschenrechner die richtige Reihenfolge beachten.

b) (38 + 109) : (304 − 297) · 6 − 24 + 3 · 9 =

Sie müssen wie beim schriftlichen Rechnen zuerst die Werte der Klammern berechnen, dann Multiplizieren und Dividieren und zum Schluss Addieren und Subtrahieren.
Bei Taschenrechnern, die die Rangfolge der Rechenoperationen berücksichtigen, muss dieser Hinweis nicht beachtet werden.

### Die Benutzung des Speichers

Überzeugen Sie sich vorher, dass der Speicher leer ist.

Die Gesamtfläche von 3 Grundstücken ist zu berechnen:
Rechteck: Länge = 17,25 m, Breite = 12,34 m;
Trapez: $\text{Grundlinie}_1$ = 24,50 m, $\text{Grundlinie}_2$ = 21,52 m, Höhe 9,25 m;
Dreieck: Grundlinie 8,68 m, Höhe 7,45 m.

| | |
|---|---|
| 17,25 m · 12,34 m | [17,25] [×] [12,34] [M+] |
| $\frac{24{,}5\text{ m} + 21{,}52\text{ m}}{2} \cdot 9{,}25\text{ m}$ | [24,5] [+] [21,52] [÷] [2] [×] [9,25] [M+] |
| $\frac{8{,}68\text{ m} \cdot 7{,}45\text{ m}}{2}$ | [8,68] [×] [7,45] [÷] [2] [M+] [MR] |

## Aufgaben:

1. a) 42 · 2 - 8 + 25 + 10 − 32 : 8
   b) 28 + 7 · 6 − 96 : 6 + 8 · 14
   c) 42 : 7 · 5 + 10 + 64 : 16 + 373
   d) 37 + 15 · 3 · 19 − 36 · 7 : 9 − 103

2. a) 12 · 4 · (28 + 7) − 535 + 252 : 36 − 152
   b) 144 : (5 + 7) + (25 − 13) · 6 − 24 + 3 · 9
   c) 6 · (3 + 12) : 3 − (27 − 19) · 4 + 24 · 7 − 39 + 33
   d) [17 · (34 − 25) + 7] : 4 + 2 · [(38 − 23) · 2 + 15]

3. Ein Gartenbaubetrieb hat vier Grundstücke:

| Grundstück | Länge (m) | Breite (m) |
|---|---|---|
| A | 530 | 23 |
| B | 180 | 21 |
| C | 112 | 51 |
| D | 115 | 17 |

a) Berechnen Sie die Gesamtfläche in $m^2$.
b) Berechnen Sie die Gesamtfläche in ha.

4. Eine Hausgemeinschaft möchte für ihr Grundstück mehrere Pflanzen kaufen. Dafür stehen 5 000,00 € zur Verfügung.
Benötigt werden unbedingt 2 Eiben (Taxus baccata, 4,50 m hoch), die inkl. Mehrwertsteuer jeweils 1 350,00 € kosten. Bei einer Größe von 1,75 m kosten diese 125,00 €. Eine Nachfrage nach Lebensbäumen (Thuja occ. Brabant) ergab, dass diese bei einer Größe von 2,0 m 37,00 € inkl. Mehrwertsteuer kosten.

Berechnen Sie jeweils:
a) wie viele Eiben (1,75 m hoch) oder
b) Lebensbäume enthalten sein können.

Welche Endpreise muss die Hausgemeinschaft jeweils bezahlen?

5. Frau Müller kauft im Laden eines Gartenbaubetriebes 22 Salatpflanzen zu 0,15 €/Stück; 25 Kohlrabipflanzen zu 0,15 €/Stück; 5 Gurkenpflanzen zu 0,90 €/Stück; 9 Tomatenpflanzen zu 0,80 €/Stück und 13 Rosen zu 1,50 €/Stück sowie 9 Märzenbecher zu 0,50 €/Stück (Preise ohne gesetzliche Mehrwertsteuer von 7 %).

Berechnen Sie den Netto- und Bruttowert der Ware.

6. Auf dem Wochenmarkt werden Kartoffeln für 0,35 € je kg verkauft. Bei den ersten zehn Verkäufen werden folgende Einnahmen erzielt: 1,75 €; 2,10 €; 1,05 €; 2,80 €; 2,45 €; 3,15 €; 3,50 €; 3,85 €; 0,35 €; 5,25 €.

Berechnen Sie, wie viel Kilogramm Kartoffeln jeweils verkauft worden sind.

7. Ein Saatguterzeugerbetrieb verkauft an einem Tag 140 Portionen Kohlrabi (1,35 €/Portion); 18 Portionen Speisekürbis (1,99 €/Portion) und 85 Portionen Rote Rüben (3,29 €/Portion). Am nächsten Tag sind es jeweils 152; 33 und 60 Portionen. In allen Preisen ist die gesetzliche Mehrwertsteuer enthalten.

Berechnen Sie den Gesamtverkaufspreis der beiden Tage.

## 2.3 Potenzieren, Radizieren, Prozentrechnen

**Potenzieren** Eingabe Anzeige

Potenzieren = Multiplizieren einer Größe mit sich selbst
Potenz besteht aus Basis oder Grundzahl ($a$) und Exponent oder Hochzahl ($n$)
Ergebnis heißt Potenzwert.

$a \cdot a = a^2$

$a \cdot a \cdot a = a^3$

$a \cdot a \cdot .... \cdot a = a^n$ ($n$ Faktoren $a$)

a) 8,252 = [8,25] [×] [8,25] [=] 68,0625

oder [8,25] [×] [=] 68,0625

oder [8,25] [x²] 68,0625

b) 2,453 = [2,45] [×] [2,45] [×] [2,45] [=] 14,706125

oder [2,45] [×] [=] [=] 14,706125

Wird mehrmals die Ergebnistaste gedrückt, wird immer mit dem eingegebenen Faktor multipliziert.

**Radizieren**

Radizieren = Wurzel ziehen
Zahl unter dem Wurzelzeichen heißt Radikand; Ergebnis heißt Wurzelwert

$\sqrt{858{,}49}$ = [858,49] [√] 29,3

Beachten Sie: $\sqrt{a + b} \neq \sqrt{a} + \sqrt{b}$
Wenn Sie ohne Hilfsmittel radizieren sollen, gehen Sie folgendermaßen vor:

z. B. $\sqrt{8}$:

$\sqrt{8}$ liegt zwischen $\sqrt{4}$ (= 2) und $\sqrt{9}$ (= 3); 2,5 liegt bei $\sqrt{6{,}5}$; $\sqrt{8}$ ca. 2,9

### Prozentrechnen

Ein Prozent ist ein Hundertstel. Um ein Prozent von einer Zahl zu berechnen, muss man die Zahl durch Hundert dividieren.
Der Grundwert ist die Zahl, die gegeben ist.
Der Prozentsatz ist die Zahl, die vor dem Prozentzeichen steht.
Der Prozentwert ist das Ergebnis der Berechnung.

a) 18 % von 37 495 [37495] [×] [18] [%] = 6 749,1

b) 37 495 + 18 % [37495] [×] [18] [%] = 44 244,1

c) 37 495 − 18 % [37495] [×] [18] [%] = 30 745,9

## Aufgaben:

1. Berechnen Sie ohne Hilfsmittel folgende Werte:

   a) $2^5$; $3^4$; $5^3$; $12^2$; $15^2$; $14^2$; $11^2$; $4^3$

   b) $\sqrt{81}$; $\sqrt{64}$; $\sqrt{169}$; $\sqrt{49}$; $\sqrt{256}$; $\sqrt{5}$

2. Berechnen Sie die Flächen der quadratischen Beete, wenn die Seitenlängen folgende Maße besitzen:

   a) 53 cm (in $dm^2$) b) 927 mm (in $cm^2$) c) 8,4 dm (in $dm^2$) d) 5,5 m (in $m^2$)
   e) 0,15 km (in $m^2$) f) 0,75 m (in $m^2$) g) 250 m (in ha) h) 23 m (in a)

3. Berechnen Sie die Volumen der Würfel, wenn sie folgende Seitenlängen haben:

   a) 35 cm b) 724 mm c) 4,5 dm d) 15,5 mm
   e) 0,15 m f) 0,75 dm g) 12 cm h) 0,058 m

4. a) $18^4$ b) $3{,}5^5$ c) $9{,}5^3$ d) $0{,}15^4$
   e) $0{,}04^3$ f) $9^6$ g) $13^5$ h) $2{,}5^4$

5. Bestimmen Sie den Wurzelwert.

   a) $\sqrt{18}$ b) $\sqrt{66}$ c) $\sqrt{137}$ d) $\sqrt{2530}$
   e) $\sqrt{0{,}35}$ f) $\sqrt{0{,}058}$ g) $\sqrt{0{,}25}$ h) $\sqrt{0{,}01}$
   i) $\sqrt{10}$ j) $\sqrt{0{,}0169}$ k) $\sqrt{15}$ l) $\sqrt{300}$

6. a) $\sqrt{8+32}$ b) $\sqrt{8}+\sqrt{32}$ c) $\sqrt{147:49}$ d) $\sqrt{147}:\sqrt{49}$
e) $\sqrt{90{,}25}-\sqrt{12{,}25}$ f) $\sqrt{90-12}$ g) $3^3-\sqrt{49}$ h) $5^3+\sqrt{324}$

7. a) 4,5 % von 8 750,00 € b) 3,75 % von 930,00 €
c) 5,3 % von 5 284,00 € d) 8,94 % von 4 135,00 €

8. a) 9 370,00 € + 7,5 % b) 2 135,00 e + 3,5 %
c) 4 132,00 € + 8,5 % d) 3 685,00 e + 11,3 %
e) 3 790,00 € − 5,7 % f) 5 134,00 e − 8,5 %
g) 372,00 € − 14 % h) 29 360,00 e − 4,75 %

9. Ein Kleingärtner kauft 1 kg Rosendünger. Dieser kostet 4,90 € inkl. Mehrwertsteuer. Nach einigen Tagen benötigt er weitere 2 kg, er kauft diese zum jeweils gleichen Preis.
Der Gartenbaubetrieb verkaufte im Sonderangebot 3 kg Rosendünger für 11,90 €.
Berechnen Sie, wie viel Prozent mehr der Kleingärtner für die Einzelkäufe im Vergleich zum Sonderangebot bezahlt hat.

10. Nach Angaben der Agrarmarkt Informations-Gesellschaft mbH wurden im Jahr 2012 ca. 1,95 Milliarden Euro für Beet- und Balkonpflanzen ausgegeben (zu Einzelhandelspreisen). Die Geranie hatte daran den größten Anteil mit 17 %, Stiefmütterchen mit 9 % und Sommerheide mit 8 % folgten auf den Plätzen zwei und drei.

a) Berechnen Sie, wie viel Euro pro Einwohner der BRD im Jahr für Beet- und Balkonpflanzen ausgegeben werden, wenn Sie von einer Bevölkerungsanzahl von 80,62 Millionen Menschen (2013) ausgehen.

b) Berechnen Sie die jeweiligen Umsätze in Millionen Euro.

# 3 Erfassen von Daten, Statistiken, Schaubildern

Für die Landwirtschaft wurde im Jahr 2012 ein Produktionswert von rund 55,7 Mrd. Euro errechnet. Auf den Produktionsgartenbau entfallen 11 % dieses Produktionswertes. Für den Dienstleistungsgartenbau, der nicht zur Urproduktion zählt, konnte ein Produktionswert in Höhe von ca. 6,3 Mrd. Euro ermittelt werden. Zusammen haben die gartenbaulichen Sach- und Dienstleistungen einschließlich des Obstbaus einen Produktionswert von ca. 12,6 Mrd. Euro.

Solches Zahlenmaterial wird einprägsamer, wenn man entweder die Prozentanteile errechnet oder die Anteile in einem Schaubild zeichnerisch darstellt.

## Rechteckdiagramm

Größenanteile können im Rechteckdiagramm anschaulich dargestellt werden. Dabei wird im Allgemeinen von den Prozentanteilen ausgegangen.

**Beispiel:**

Ein Gartenbaubetrieb hat 8 000 $m^2$ Freilandfläche, 2 000 $m^2$ nicht heizbare Glasfläche und 1 500 $m^2$ heizbare Glasfläche.

| | | |
|---|---|---|
| 8 000 $m^2$ Freilandfläche | ≙ | 69,6 % |
| 2 000 $m^2$ Glasfläche, nicht heizbar | ≙ | 17,4 % |
| 1 500 $m^2$ Glasfläche, heizbar | ≙ | 13,0 % |
| 11 500 $m^2$ Gesamtfläche | ≙ | 100,0 % |

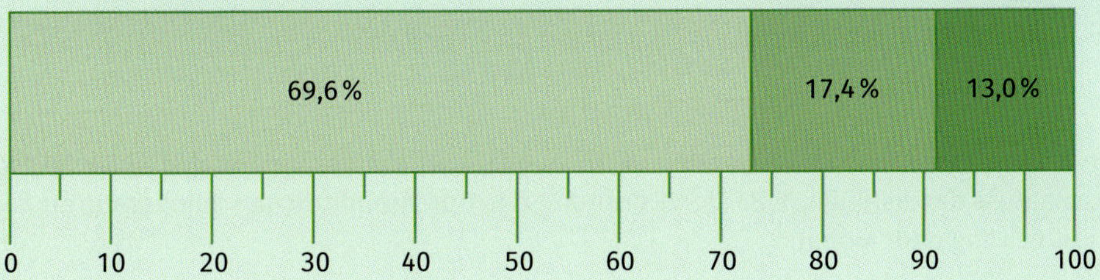


Bei Darstellung von Prozentanteilen wählt man zweckmäßigerweise eine Rechtecklänge von 100 mm. 1 mm entspricht dann 1 %.

Es können aber auch absolute Zahlen grafisch dargestellt werden. Dabei ist meist ein Maßstab zu verwenden, z. B. 200 $m^2$ ≙ 1 mm Länge im Rechteck.

Unser Beispiel:
8 000 $m^2$ ≙ 40 mm, 2 000 $m^2$ ≙ 10 mm und 1 500 $m^2$ ≙ 7,5 mm

## Kreisdiagramm (Sektorendiagramm)

Das Kreisdiagramm eignet sich zum Darstellen von Prozentanteilen. Dabei entsprechen die 360° des Kreises 100 %.

Daraus folgt: 1 % ≙ 3,6°.

Man beginnt in der Regel mit der Zeichnung des oberen senkrechten Radius und trägt dann die Sektoren im Uhrzeigersinn ein.

**Beispiel:**

| | |
|---|---|
| Freilandfläche | 3,6° · 69,6 = 250,6° |
| Glasfläche, nichtheizbar | 3,6° · 17,4 = 62,6° |
| Glasfläche, heizbar | 3,6° · 13,0 = 46,8° |

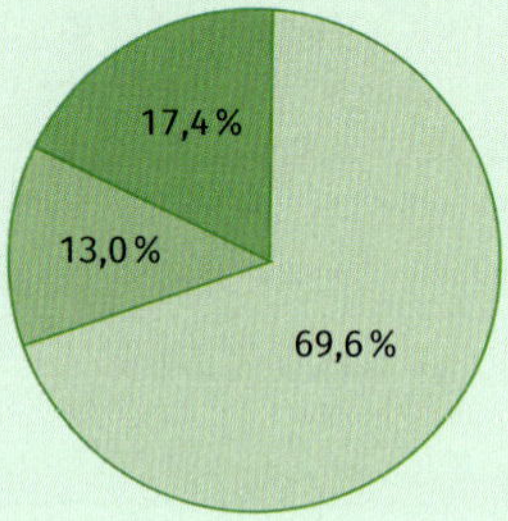


## Liniendiagramm

Ein Liniendiagramm wird verwendet, wenn es gilt, zeitliche Veränderungen einer Messgröße anschaulich darzustellen, z. B. die Zuordnung der durchschnittlichen Temperaturen zu dem jeweiligen Tag oder Monat.

**Beispiel:**

Die durchschnittlichen Tagestemperaturen einer Woche sollen anschaulich dargestellt werden.

| Datum | Durchschnitts-temperatur in °C |
|---|---|
| 1.3. | −3 |
| 2.3. | −4 |
| 3.3. | +2 |
| 4.3. | −1 |
| 5.3. | +5 |
| 6.3. | +6 |
| 7.3. | +4 |

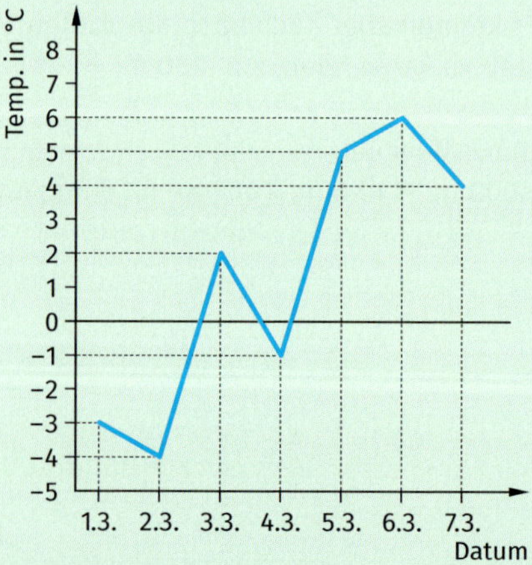


Auch **Funktionen** (das sind Werte, die nach einer bestimmten Regel von mindestens einer veränderlichen Größe abhängig sind) können als Liniendiagramme dargestellt werden. Der Graph einer Funktion kann eine Gerade oder eine Kurve sein.

**Beispiel:**

In zwei Stunden werden mit einem Pkw bei gleichbleibender Geschwindigkeit 150 km zurückgelegt.

Aus dem Diagramm kann dann abgelesen werden, welche Wegstrecke z. B. in 3 h zurückgelegt wird oder welche Zeit für 100 km erforderlich ist.

Beachten Sie: Die senkrechte Achse der Darstellung ist die y-Achse, die waagerechte die x-Achse.

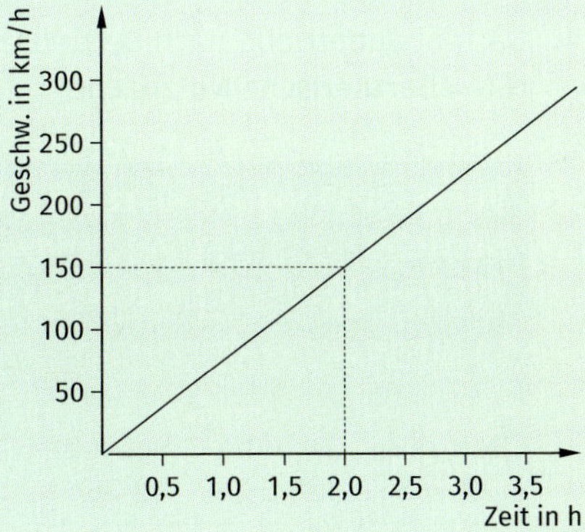


## Säulendiagramm

Hierbei werden veränderliche Messgrößen durch den Flächeninhalt der Säulen ausgedrückt. Bei gleichbleibender Säulenbreite sind die Säulenhöhen der Messgrößen entsprechend zu zeichnen.

**Beispiel:**

Die durchschnittlichen monatlichen Niederschläge eines Ortes sind grafisch darzustellen.

| Datum | Durchschnitts-temperatur in °C |
|---|---|
| Januar | 55 |
| Februar | 46 |
| März | 52 |
| April | 51 |
| Mai | 78 |
| Juni | 100 |
| Juli | 114 |
| August | 92 |
| September | 60 |
| Oktober | 53 |
| November | 47 |
| Dezember | 61 |

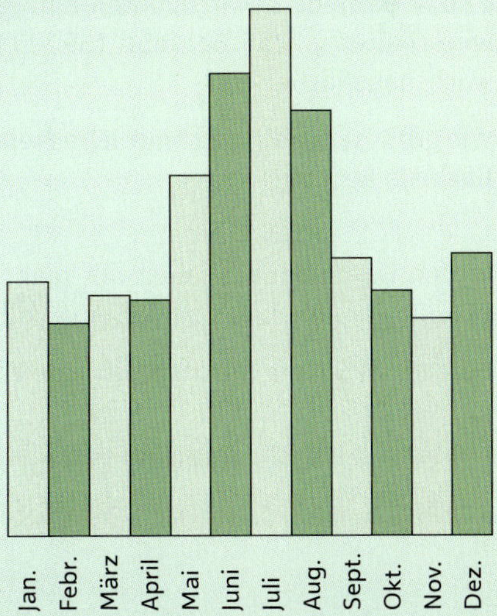


(Zeichnung verkleinert)

Maßstab: 1 mm Niederschlag ≙ 1 mm Säulenhöhe

## Aufgaben:

1. Gartenbaubetriebe nach Betriebsart in Deutschland
(GN = Gärtnerische Nutzfläche)

| Reine Gartenbaubetriebe mit 75–100 % | | Gartenbaubetriebe mit Landwirtschaft mit 50 bis unter 75 % | | Landwirtschaftliche Betriebe mit Gartenbau mit 25 bis unter 50 % | | Landwirtschaftliche Betriebe mit Gartenbau mit unter 25 % | |
|---|---|---|---|---|---|---|---|
| der Einnahmen aus Gartenbau | | | | | | | |
| Betriebe | GN in ha | Betriebe | GN in ha | Betriebe | GN in ha | Betriebe | GN in ha |
| 22 185 | 138 591 | 3 254 | 27 629 | 2 776 | 17 505 | 6 487 | 25 979 |

a) Berechnen Sie die Gesamtzahl der Betriebe, die Einnahmen aus dem Gartenbau haben.

b) Berechnen Sie die gesamte gärtnerische Nutzfläche in Deutschland.

c) Berechnen Sie bei den einzelnen Betriebsarten die durchschnittliche gärtnerische Nutzfläche je Betrieb.

d) Berechnen Sie von der gesamten gärtnerischen Nutzfläche den Anteil der einzelnen Betriebsarten in Prozent und stellen Sie dieses Prozentergebnis in einem Rechteckdiagramm dar.

2. Gartenbaubetriebe mit Schwerpunkt Erzeugung

23 034 Betriebe bewirtschaften eine gärtnerische Nutzfläche von 163 117 ha. Davon bewirtschaften 21 255 Betriebe 159 723 ha Freilandfläche und 9 287 Betriebe 3 394 ha Gewächshausfläche.

Wie groß ist die durchschnittliche Freilandfläche und die durchschnittliche Gewächshausfläche je Betrieb?

3. In den Gartenbaubetrieben mit mehr als 50 % der Einnahmen aus Gartenbau arbeiten 266 426 Personen, das sind 89 404 Vollbeschäftigungseinheiten (VBE).

Berechnen Sie die durchschnittliche Zahl an Arbeitskräften und VBE je Betrieb.

4. Anbau und Ernte der in Deutschland wichtigsten Gemüsearten im Freiland zum Verkauf:

| Gemüsearten | Fläche in ha | Ertrag in t |
|---|---|---|
| Blumenkohl | 4241 | 123779 |
| Kohlrabi | 1873 | 64840 |
| Rotkohl | 1915 | 106454 |
| Weißkohl | 5836 | 427159 |
| Feldsalat | 2263 | 14105 |
| Spinat | 3030 | 53386 |
| Möhren und Karotten | 10189 | 583587 |
| Buschbohnen | 4534 | 47999 |
| Bundzwiebeln (Frühlingszwiebeln) | 2005 | 87183 |
| Porree (Lauch) | 2631 | 111209 |

Vgl. Bundesministerium für Ernährung und Landwirtschaft: Der Gartenbau in Deutschland; Daten und Fakten (2013)

Berechnen Sie jeweils den durchschnittlichen Ertrag je ha in dt und stellen Sie Ihr Ergebnis in einem Säulendiagramm dar. Werten Sie Ihr Ergebnis aus. Im Jahr 2008 betrug der durchschnittliche Ertrag je ha in dt bei Porree 370. Berechnen Sie, um wie viel Prozent dieser, bezogen auf das Jahr 2013, gesteigert werden konnte.

5. Die Ausbildung für den Beruf des Gärtners wird in Deutschland in sieben Fachrichtungen angeboten.
2012 betrug die Anzahl der Auszubildenden insgesamt 14 217, darunter waren in den Fachrichtungen

| | |
|---|---|
| Garten- und Landschaftsbau | 9 630 |
| Zierpflanzenbau | 2 334 |
| Baumschulen | 936 |
| Friedhofsgärtnerei | 495 |
| Gemüsebau | 389 |
| Staudengärtnerei | 231 |
| Obstbau | 204 Auszubildende |

Berechnen Sie jeweils die prozentualen Anteile der Auszubildenden in den einzelnen Fachrichtungen und stellen Sie Ihr Ergebnis in einem Kreisdiagramm dar.

6. Monatliche Durchschnittstemperatur in °C:

| Monat | Jan. | Febr. | März | April | Mai | Juni | Juli | Aug. | Sept. | Okt. | Nov. | Dez. |
|---|---|---|---|---|---|---|---|---|---|---|---|---|
| Ort A | 1,2 | 1,6 | 4,8 | 8,6 | 12,8 | 15,8 | 17,4 | 17,1 | 14,2 | 9,7 | 5,7 | 2,6 |
| Ort B | −2,5 | −1,3 | 3,2 | 8,1 | 13,0 | 16,2 | 17,9 | 17,1 | 13,6 | 8,0 | 3,0 | −0,8 |

a) Berechnen Sie die Jahresdurchschnittstemperatur für beide Orte.

b) Zeichnen Sie für jeden Ort ein Liniendiagramm.

7. Monatsmengen der Niederschläge im 30-jährigen Durchschnitt:

| Monat | Jan. | Febr. | März | April | Mai | Juni | Juli | Aug. | Sept. | Okt. | Nov. | Dez. |
|---|---|---|---|---|---|---|---|---|---|---|---|---|
| Ansbach | 57 | 50 | 41 | 48 | 65 | 82 | 90 | 77 | 61 | 53 | 52 | 48 |
| München-Riem | 59 | 55 | 51 | 62 | 107 | 125 | 140 | 104 | 87 | 67 | 57 | 50 |
| Würzburg-Stein | 54 | 47 | 35 | 45 | 56 | 72 | 72 | 68 | 53 | 49 | 47 | 48 |
| Lüneburg | 48 | 40 | 35 | 49 | 54 | 56 | 80 | 79 | 54 | 50 | 52 | 47 |
| Bernkastel-Kues | 52 | 44 | 37 | 53 | 58 | 67 | 80 | 79 | 55 | 50 | 52 | 49 |

a) Berechnen Sie für alle Orte die Jahresniederschlagsmengen.

b) Zeichnen Sie die entsprechenden Säulendiagramme.

# 4 Längen und Flächen

## 4.1 Längenmaße

Unter einem Längenmaß versteht man eine Maßeinheit für die Länge. Die international genormte Grundeinheit der Länge ist der Meter.

Das Längenmaß dient zur Messung der Länge einer Linie, Strecke oder Distanz in einer Dimension.

| | | |
|---|---|---|
| 1 m | = | 10 Dezimeter (dm) |
| 1 dm | = | 10 Zentimeter (cm) |
| 1 cm | = | 10 Millimeter (mm) |
| 1 mm | = | 1 000 Mikrometer (µm) |
| | | |
| 1 m | = | 10 dm = 100 cm = 1 000 mm = 1 000 000 µm |
| 1 000 m | = | 1 Kilometer (km) |

Die **Umrechnungszahl** für Längen ist 10. Soll eine Längenangabe in die nächsthöhere Einheit umgerechnet werden, ist durch 10 zu teilen, z. B. 8 cm = 0,8 dm. Bei Umrechnung in die nächstkleinere Einheit muss mit 10 vervielfacht werden.

**Beispiel:**

23 cm = 230 mm

## Aufgaben:

1. Rechnen Sie folgende Maßeinheiten um.

   a) 7,2 dm in mm  b) 350 m in dm  c) 4,02 km in dm
   d) 2600 cm in m  e) 0,15 dm in cm

2. Berechnen Sie in dm.

   a) 8,702 km + 38,77 m + 885 cm + 9876 mm + 0,025 km
   b) 333 m + 5740 cm + 34,5 mm + 10,3 km + 8370 mm

3. Berechnen Sie in m.

   a) 370 dm + 78 cm + 52100 mm + 4,19 km + 2,77 dm
   b) 0,087 km + 38,7 dm + 588 cm + 920 mm + 32,5 cm

4. Berechnen Sie in mm.

   a) 0,28 dm + 9,5 m + 52000 µm + 37 cm + 0,00025 km
   b) 0,088 m + 2,66 dm + 320 µm + 0,82 cm + 0,00924 km

5. Die Dicke eines Menschenhaares schwankt normalerweise zwischen 0,03 mm und 0,12 mm. Geben Sie diese Maße in µm an.

6. Ihr täglicher Weg zum Arbeitsplatz beträgt einfach 3,25 km. Sie fahren die Strecke mit dem Fahrrad.

   a) Wie viel Meter müssen Sie in einer Woche mit fünf Arbeitstagen zurücklegen?
   b) Für einen Kilometer benötigen Sie 5 Minuten. Wie lange sind Sie täglich unterwegs?

7. Beim Abschreiten einer bestimmten Strecke werden 246 Schritte gezählt. Eine Messung ergibt, dass 5 Schritte 3,00 m ergeben.

   Wie lang ist die Strecke?

8. Der Tachometer eines Autos zeigt am Monatsanfang 31475 km und am Monatsende 32882 km an.

   Welche Strecke wurde insgesamt in diesem Monat und im Tagesdurchschnitt (30 Tage) zurückgelegt?

## 4.2 Flächenmaße und Flächenberechnung

Eine Fläche ist ein zweidimensionaler Gegenstand. Der Flächeninhalt ist ein Maß für die Größe einer Fläche.

Grundeinheit für das Flächenmaß ist der Quadratmeter ($m^2$).

1 $m^2$ = 100 Quadratdezimeter ($dm^2$)
1 $dm^2$ = 100 Quadratzentimeter ($cm^2$)
1 $cm^2$ = 100 Quadratmillimeter ($mm^2$)

1 $m^2$ = 100 $dm^2$ = 10 000 $cm^2$ = 1 000 000 $mm^2$

1 Quadratkilometer ($km^2$) = 100 Hektar (ha) = 10 000 Ar (a)
1 ha = 100 a = 10 000 $m^2$
1 a = 100 $m^2$ = 10 000 $dm^2$

Bei Flächenmaßen gilt die Hochzahl **2**, z. B. $m^2$, $dm^2$, $cm^2$. Beim Umrechnen in das nächsthöhere oder nächstniedere Flächenmaß ist das Dezimalkomma um **2** Stellen zu verschieben.

**Beispiele:**

5 $dm^2$ = 500 $cm^2$; 5 $dm^2$ = 0,05 $m^2$

### Formeln zur Flächenberechnung

Rechteck

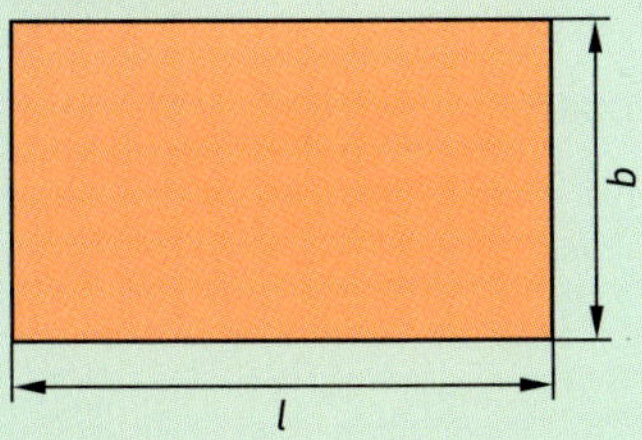


$A = l \cdot b$
$U = 2\,l + 2\,b$
$\;\;\, = 2\,(l + b)$

Quadrat

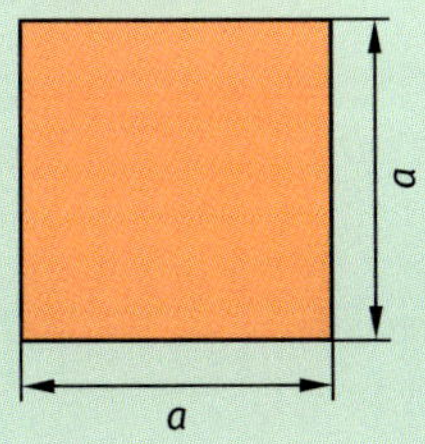


$A = a \cdot a = a^2$
$a = \sqrt{A}$
$U = 4\,a$

Dreieck

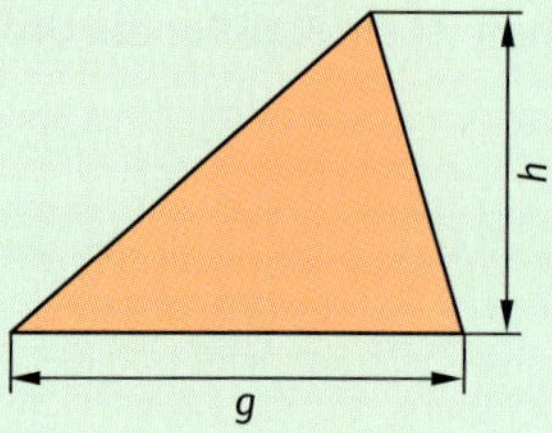


$$A = \frac{g \cdot h}{2}$$

$U$ = Seite + Seite + Seite

$$g = \frac{2\,A}{h}$$

$$h = \frac{2\,A}{g}$$

Trapez

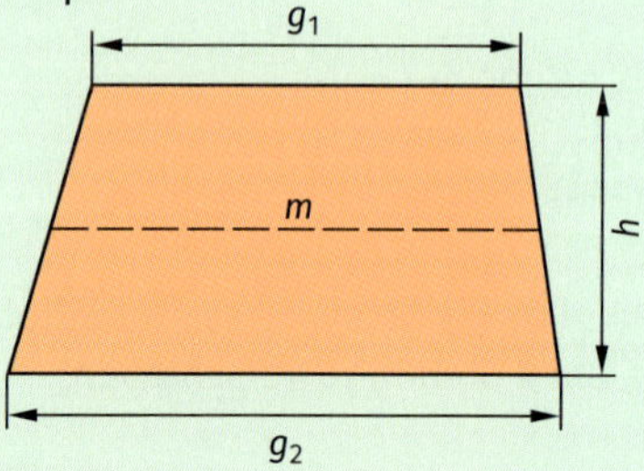


$$A = \frac{g_1 + g_2}{2} \cdot h$$

$$m = \frac{g_1 + g_2}{2}$$

$U$ = Seite + Seite + Seite + Seite

Kreis

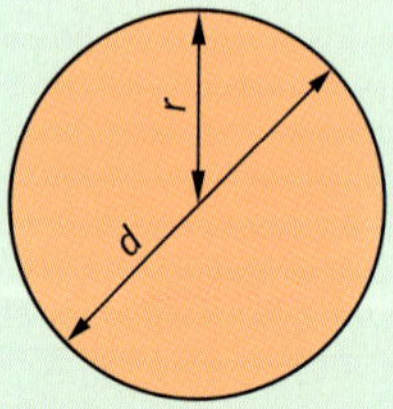


$A = r \cdot r\,\pi = r^2\,\pi$ oder $A = \frac{d^2 \cdot \pi}{4}$

$$U = d \cdot \pi$$

$d = \sqrt{\frac{4\,A}{\pi}}$ oder $d = \frac{U}{\pi}$

Kreisring

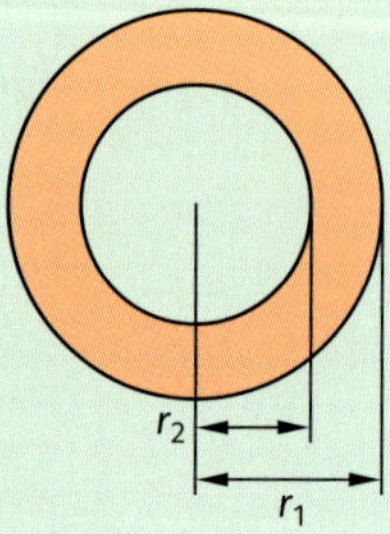


$$A = r_1^2\,\pi - r_2^2\,\pi$$

oder

$$A = (r_1^2 - r_2^2)\,\pi$$

oder

$$A = (d_1^2 - d_2^2) \cdot \frac{\pi}{4}$$

Ellipse

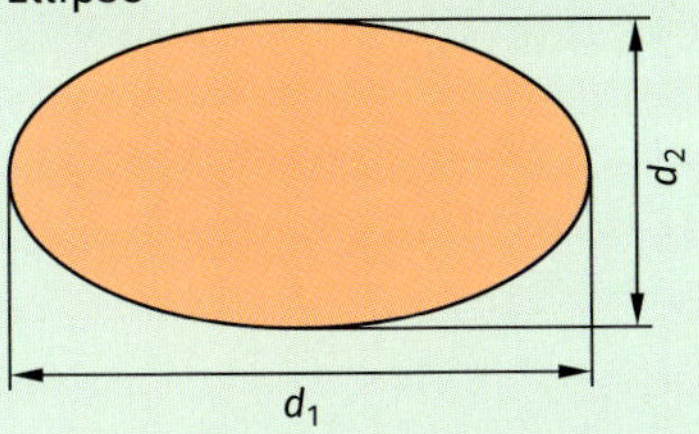


$$A = \frac{d_1}{2} \cdot \frac{d_2}{2} \cdot \pi$$

oder

$$A = d_1 \cdot d_2 \cdot \frac{\pi}{4}$$

$$U = \frac{d_1 + d_2}{2} \cdot \pi$$

Kreisausschnitt (Sektor)

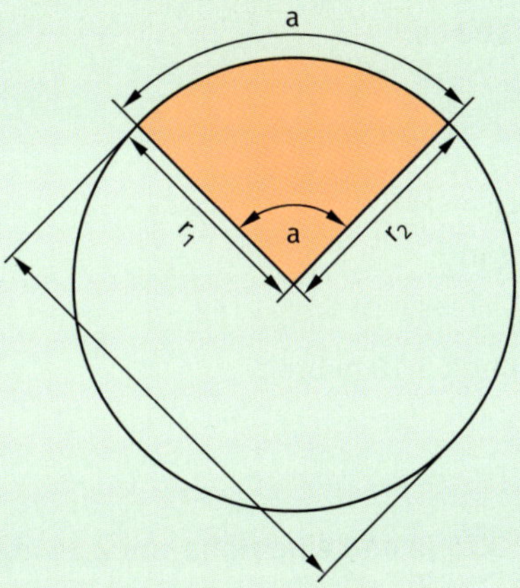


Die Fläche eines Kreisausschnittes ist die Teilfläche eines Kreises, die durch die Radien $r_1$ und $r_2$ sowie durch den Kreisbogen *a* begrenzt wird. Am Kreismittelpunkt bilden die zwei Radien den Winkel α. Hat der Winkel 360°, entspricht der Sektor einem vollständigen Kreis.

Bei α = 1° gilt: $A = \frac{A \text{ des Kreises}}{360°}$

$$A = \frac{r^2 \cdot \pi \cdot \alpha}{360°}$$

Länge des Kreisbogens $A = \frac{d \cdot \pi \cdot \alpha}{360°}$

Kreisabschnitt (Segment)

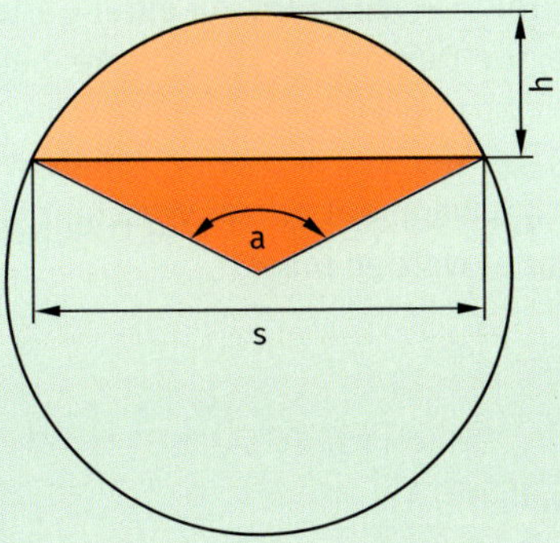


s = Sehne

Von der Fläche des Kreisausschnitts wird die zwischen Sehne und Kreismittelpunkt liegende Dreieckfläche abgezogen.

$$A = \frac{r^2 \cdot \pi \cdot \alpha}{360°} - \frac{s \cdot (r - h)}{2}$$

## Aufgaben:

1. Rechnen Sie folgende Maßeinheiten um.

   a) $250\ cm^2$ in $dm^2$ b) $0{,}71\ m^2$ in $dm^2$ c) $1\,000\ m^2$ in a
   d) 76 ha in a e) $35\,000\ m^2$ in ha

2. Berechnen Sie in $km^2$.

   a) $3\,700{,}5\ m^2 + 88\ a + 35\,000\ dm^2 + 15\ a + 3{,}125\ ha$
   b) $103\ a + 0{,}95\ ha + 43\,800\ m^2 + 5\,900\ dm^2 + 1\,750\ m^2$

3. Berechnen Sie in ha.

   a) $32{,}1\ a + 0{,}543\ km^2 + 750\ m^2 + 87{,}1\ a + 23\,300\ dm^2$
   b) $430\ m^2 + 512{,}5\ a + 2{,}538\ km^2 + 5\,290\ dm^2 + 8\,743\,200\ cm^2$

4. Berechnen Sie in a.

   a) $15{,}3\ ha + 625{,}32\ m^2 + 0{,}35\ km^2 + 8{,}45\ m^2 + 2{,}58\ ha$
   b) $2{,}27\ m^2 + 2{,}47\ ha + 2\,575{,}4\ dm^2 + 0{,}735\ km^2 + 16{,}7\ m^2$

5. Ein rechteckiges Gartengrundstück ist 48,25 m lang und 35,16 m breit.

   Berechnen Sie die Fläche in a und in ha.

6. Ein dreieckiges Blumenbeet hat eine Grundlinie von 3,75 m und eine Höhe von 2,24 m.

   Berechnen Sie den Flächeninhalt in m2 und dm2.

7. Ein rechteckiger Gemüsegarten hat eine Fläche von $54{,}40\ m^2$ und eine Länge von 8,5 m.

   Wie breit ist er?

8. 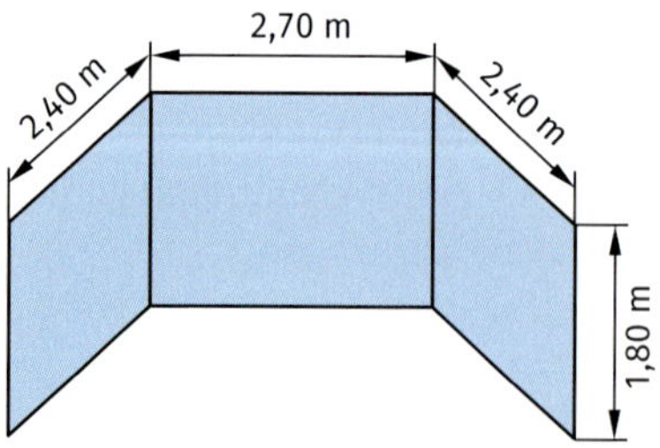


   Die dargestellte Fläche wird auf einer Gartenbaumesse für Demonstrationszwecke benötigt.
   Wie viel Meter der 90 cm breiten Tapete werden benötigt, wenn mit einem Verschnitt von 8 % gerechnet werden muss?

9. Ein kreisförmiges Blumenbeet hat einen Umfang von 6,35 m.

   Berechnen Sie den Durchmesser und die Fläche.

10. Der große Durchmesser eines ellipsenförmigen Blumenbeetes beträgt 4,6 m, der kleine 3,5 m.

Berechnen Sie die Fläche in a. Wie groß ist der Umfang des Beetes?

11. In einem Park befindet sich ein ellipsenförmiges Blumenbeet: $d_1 = 6{,}5$ m, $d_2 = 4{,}7$ m.

Welche Fläche und welchen Umfang hat das Beet?

12. In einem Gewächshaus ist ein Tisch von 1,10 m Breite und 5,50 m Länge aufgestellt.

Wie viele quadratische Blumentöpfe mit einer Seitenlänge von 7 cm (9 cm, 11 cm) können darauf Topf an Topf abgestellt werden?

13. Ein trapezförmiges Blumenbeet (lange Grundlinie = 15,8 m; kurze Grundlinie = 9,5 m; Höhe = 3,4 m) soll mit Blumen im Abstand von 15 cm · 15 cm bepflanzt werden.

Wie viele Blumenpflanzen werden benötigt?

14. Ein Grab der Größe 2,3 m × 0,8 m soll bepflanzt werden. Auf dem Grab befindet sich ein Grabstein mit den Flächenmaßen 0,5 m × 0,06 m.

Berechnen Sie die Fläche, die bepflanzt werden soll. Beachten Sie dabei, dass um den Grabstein ein ca. 5 cm großer Rand nicht bepflanzt werden kann.

15. In einem Garten wird ein rundes Rosenbeet angelegt. Um dieses Rosenbeet befindet sich ein Kreisring, der zur Hälfte mit Studentenblumen und zur Hälfte mit Zinnien bepflanzt wird.

$r_1 = 1{,}9$ m; $r_2 = 1{,}3$ m

a) Berechnen Sie die Größe der einzelnen Teilflächen.

b) Wie groß ist der Umfang des Rosenbeetes?

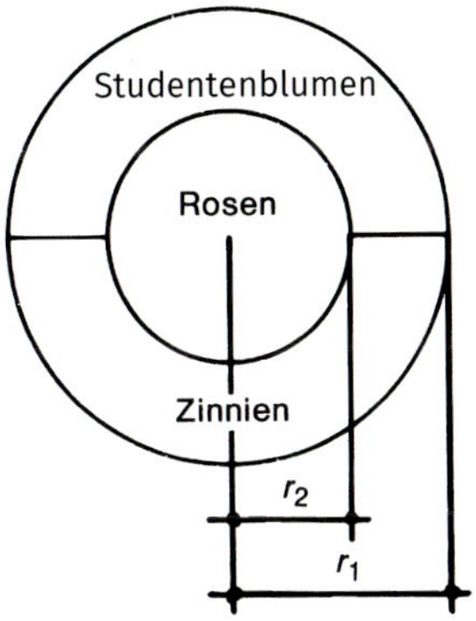


16.

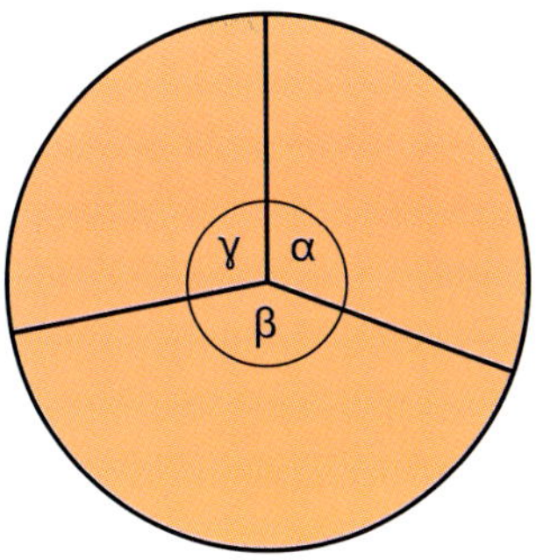


Nebenstehend dargestelltes Blumenbeet ist in drei Kreisausschnitte aufgeteilt:

$\sphericalangle \alpha = 110°$, $\sphericalangle \beta = 150°$

a) Wie groß ist der Winkel γ?

b) Berechnen Sie die einzelnen Teilflächen, $r = 2{,}50$ m.

c) Ermitteln Sie für jeden Kreisausschnitt die Länge des Kreisbogens.

**17.** In einer öffentlichen Anlage wird ein Kreisabschnitt im Abstand von 20 cm · 20 cm mit Studentenblumen bepfllanzt: $s = 5{,}70$ m, $r = 3{,}00$ m, $h = 2{,}05$ m, Winkel $\alpha = 142°$.

Wie viele Studentenblumen werden benötigt?

**18.** Ein kreisförmiges Blumenbeet ist in vier Teilflächen aufgeteilt.

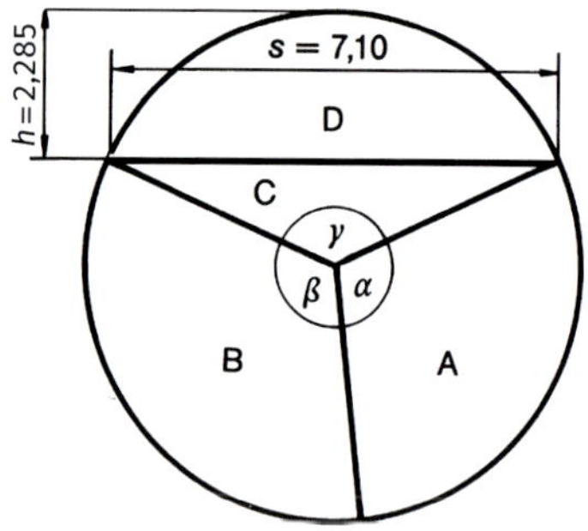


$\sphericalangle\, \alpha = 108°$
$\sphericalangle\, \beta = 121°$
$r = 3{,}9$ [illegible]

Berechnen Sie

a) den Winkel γ,

b) die Fläche des gesamten Kreises in Ar,

c) die Teilflächen A, B, C und D,

d) die Länge der Kreisbögen bei den Grundstücken A, B und D.

## 4.3 Der Satz des Pythagoras

Pythagoras war ein antiker griechischer Philosoph. Er gilt als der Entdecker des nach ihm benannten Lehrsatzes über das rechtwinklige Dreieck.

Im rechtwinkligen Dreieck nennt man die beiden Seiten, die den rechten Winkel einschließen, Katheten. Die dem rechten Winkel gegenüberliegende Seite heißt Hypotenuse.

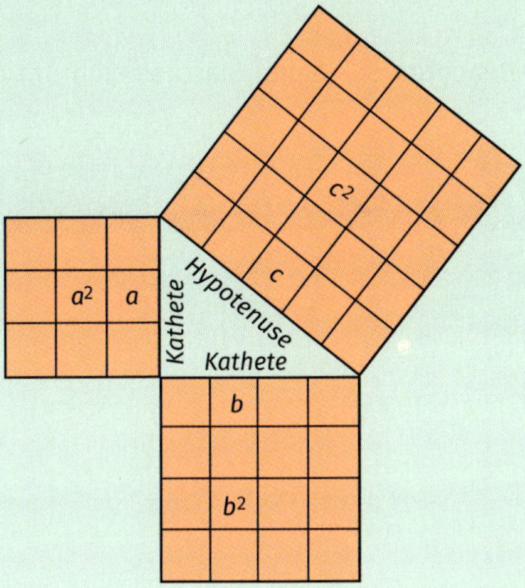


Der Satz des Pythagoras:
Die Summe der Quadrate über den Katheten ist gleich dem Quadrat über der Hypotenuse.

| | | |
|---|---|---|
| $c^2 = a^2 + b^2$ | ⟶ | $c = \sqrt{a^2 + b^2}$ |
| $b^2 = c^2 - a^2$ | ⟶ | $b = \sqrt{c^2 + a^2}$ |
| $a^2 = c^2 - b^2$ | ⟶ | $a = \sqrt{c^2 + b^2}$ |

**Beispiel:**

Die Katheten sind 3 cm und 4 cm lang. Wie lang ist die Hypotenuse?

$$c = a^2 + b^2 = \sqrt{(3\text{ cm})^2 + (4\text{ cm})^2}$$

$$= \sqrt{9\text{ cm}^2 + 16\text{ cm}^2} = \sqrt{25\text{ cm}^2} = \underline{\underline{5\text{ cm}}}$$

## Aufgaben:

1. Berechnen Sie jeweils die Länge der fehlenden Seite.

   a) Kathete = 6 m; Kathete = 8 m
   b) Hypotenuse = 25 m; Kathete = 15 m
   c) Hypotenuse = 7,5 m; Kathete = 6 m
   d) Kathete = 1,20 m; Kathete = 1,60 m
   e) Kathete = 9,90 m; Hypotenuse = 16,50 m

2. Berechnen Sie die jeweils fehlenden Angaben. Beachten Sie dabei, dass es sich um ein rechtwinkliges Dreieck handelt.

| | Hypotenuse (m) | Kathete (m) | Kathete (m) |
|---|---|---|---|
| a) | 14,5 | 8,7 | |
| b) | 16,75 | 10,05 | |
| c) | 48,75 | 29,25 | |
| d) | | 33 | 24,75 |
| e) | | 94 | 70,5 |
| f) | | 7,4 | 5,55 |
| g) | | 22,8 | 30,4 |
| h) | | 11,7 | 15,6 |
| i) | | 6,45 | 8,6 |

3. Ein Feld hat die Form eines rechtwinkligen Dreiecks mit 32 m und 24 m langen Katheten.

   a) Zeichnen Sie das Feld im Maßstab 1 : 500.

   b) Ermitteln Sie mithilfe der Zeichnung den Umfang des Feldes.

   c) Überprüfen Sie das Ergebnis durch Berechnung der Hypotenuse nach dem Lehrsatz des Pythagoras.

4. Ein Gartenbaubetrieb baut auf einer Freilandfläche Feldgemüse an. Da dieses angebaute Gemüse häufig von Tieren abgefressen wird, möchte der Betriebsinhaber die Fläche einzäunen.

   Berechnen Sie die Länge des Zaunes, die bestellt werden muss, wenn die Fläche einem rechtwinkligen Dreieck entspricht und eine Kathete 40 m und die andere 88 m lang ist. Beachten Sie einen Verschnitt beim Zaun von 10 %.

5. Auf dem Grundstück eines Betriebes soll ein Autobahnabschnitt gebaut werden. Dem Betriebsinhaber wird für diese Fläche ein rechteckiges Austauschgrundstück mit gleicher Größe angeboten. Dieses ist 82 m breit.

   Wie lang muss es sein?

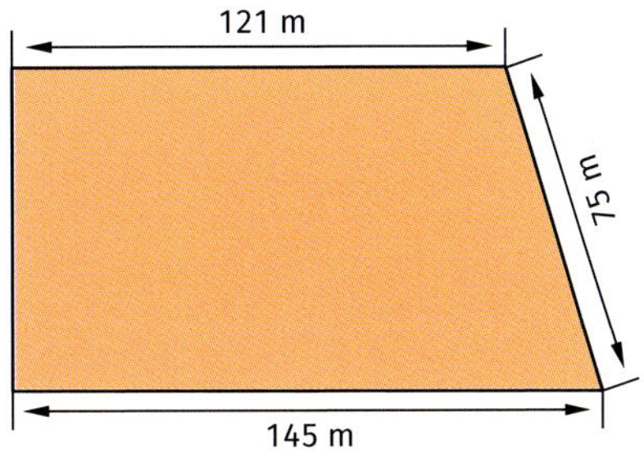


6. 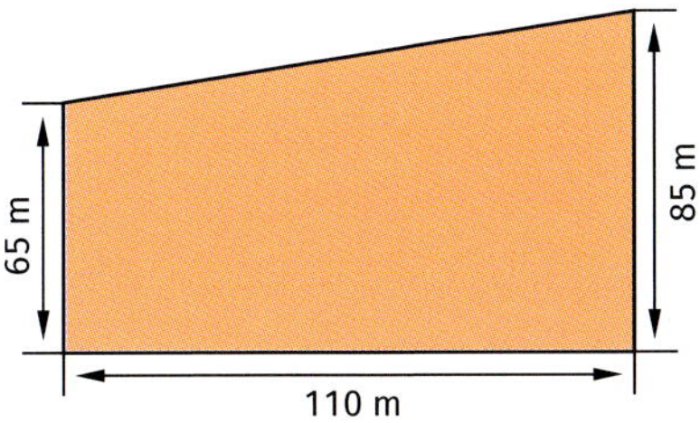


   Nebenstehendes Grundstück soll eingezäunt werden.

   Berechnen Sie, wie viel Meter Maschendraht erforderlich sind.

7. Ein Gewächshaus hat den dargestellten Querschnitt und ist 32 m lang.

   a) Berechnen Sie die Länge eines Dachschenkels.

   b) Wie viel Quadratmeter beträgt die gesamte Glasfläche des Gewächshauses?

   c) Berechnen Sie die Kosten für die Einglasung, wenn pro $m^2$ 39,95 € zuzüglich 19 % Mehrwertsteuer berechnet werden.

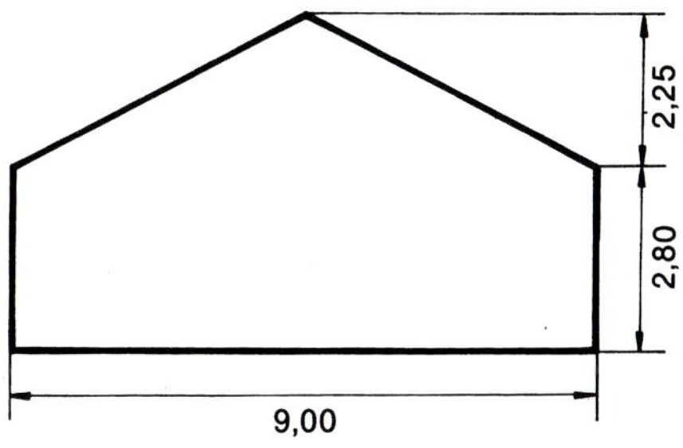


8. Nach einem Hagelschlag muss ein 40 m langes deutsches Norm-Gewächshaus mit dem nachstehend dargestellten Querschnitt vollkommen neu eingeglast werden.

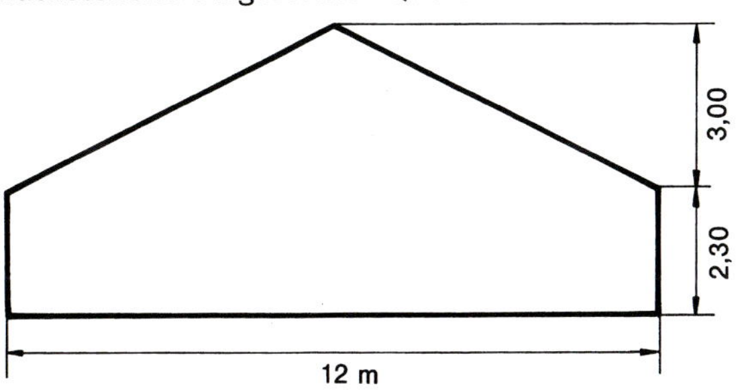


   Wie viele Glasscheiben müssen bestellt werden, wenn eine Scheibe 174 cm lang und 60 cm breit ist? Der Verschnitt beträgt 8%.

9. Ein Blumenbeet hat die Form eines regelmäßigen Sechsecks und ist in gleichseitige Dreiecke aufgeteilt. Eine Seite ist 2,8 m lang.

   a) Berechnen Sie die Fläche eines Dreiecks und des Sechsecks.

   b) Wie groß ist der Abstand zweier paralleler Seiten?

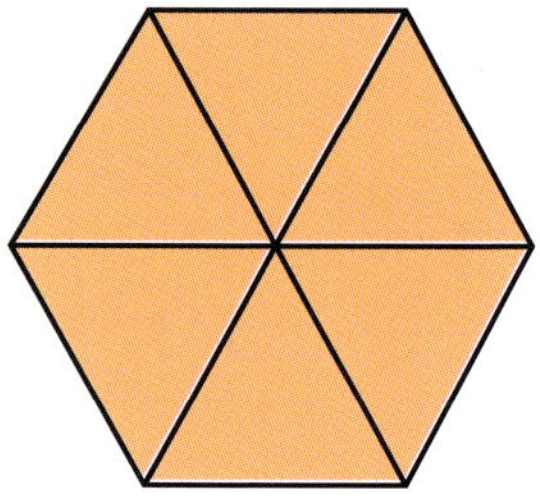

## 4.4 Pflanzverbände

Grundlegendes Wirtschaftsziel ist immer, viele Pflanzen in kurzer Zeit mit niedrigen Kosten zu erzeugen und letztendlich zu einem hohen Preis zu verkaufen. Die Erlöse müssen maximiert und die Kosten minimiert werden. Ein Faktor zur Kostenminimierung ist die Raumausnutzung, der Dreieck-Verband nutzt den Raum effizienter als der Quadratverband aus.

**Beispiel:**

Weihnachtssterne werden im Dreieckverband in einem Abstand von 30 cm aufgestellt. Um wie viel Zentimeter ist der Reihenabstand gegenüber der Aufstellung im Quadratverband kleiner?

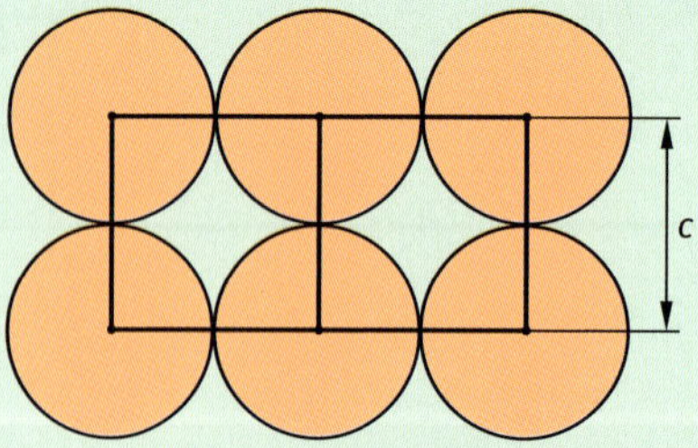


Quadratverband

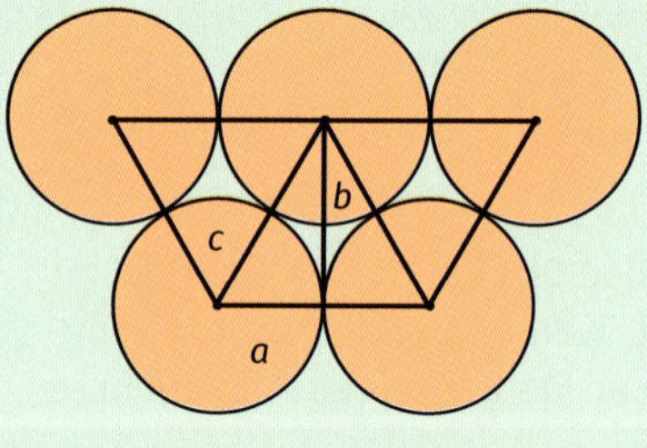


Dreieckverband

Der Reihenabstand beim Dreieckverband entspricht der Höhe $b$ des gleichseitigen Dreiecks. Diese Höhe ist mithilfe des Lehrsatzes von Pythagoras zu berechnen.

$b^2 = c^2 - a^2$

$c = \sqrt{c^2 - a^2}$

$b = \sqrt{900\text{ cm}^2 - 225\text{ cm}^2}$

$b = \underline{\underline{25{,}98\text{ cm}}}$

Der Reihenabstand beträgt etwa 26 cm, somit ist er um 4 cm kleiner als beim Quadratverband.

Werden runde Töpfe im Dreieckverband aufgestellt, so kann man auf einer gegebenen Fläche mehr Töpfe aufstellen als im Quadratverband, da die Reihenabstände kleiner sind.

## Aufgaben:

1. Berechnen Sie den Reihenabstand, wenn Blumentöpfe im Dreieckverband aufgestellt sind.

   Abstände: 12 cm, 15 cm, 18 cm, 20 cm, 25 cm.

2. Ein Gewächshaustisch ist 6,00 m (8,00 m) lang und 1,10 m (2,20 m) breit.

   a) Wie viele Reihen runder 9er-(11er-)Töpfe können im Quadrat- und im Dreieckverband jeweils Topf an Topf aufgestellt werden?

   b) Wie viele Töpfe sind bei beiden Aufstellungsarten unterzubringen?

## 4.5 Maßstäbe und maßstabsgetreue Zeichnungen

Um sich Zusammenhänge bei Flächen besser vorstellen zu können, ist es notwendig, diese in einer maßstabsgerechten Zeichnung darzustellen.

Eine Zeichnung ist im Maßstab 1 : 100 angefertigt. Dies bedeutet, dass 1 cm in der Zeichnung in der Wirklichkeit 100 cm lang ist bzw. in der Zeichnung jede Länge nur $\frac{1}{100}$ der wahren Länge beträgt.

**Beispiel 1:**

a) Maßstab 1 : 250
tatsächliche Länge: 38,5 m = 3 850 cm
Zeichenmaß: 3 850 cm : 250 = $\underline{\underline{15{,}4\text{ cm}}}$

b) Maßstab 1 : 800
Zeichenmaß: 3,25 cm
tatsächliche Länge: 3,25 cm · 800 = 2 600 cm = $\underline{\underline{26\text{ m}}}$

**Beispiel 2:**

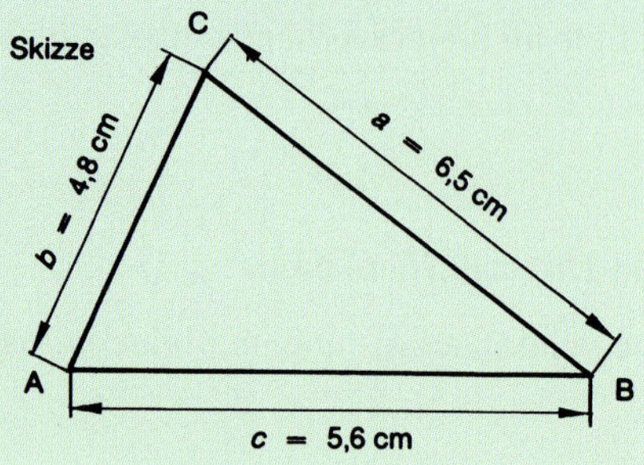


Ein Dreieck mit den Seitenlängen $a = 6{,}5$ cm, $b = 4{,}8$ cm und $c = 5{,}6$ cm soll gezeichnet werden.

Die Eckpunkte werden mit großen Buchstaben, die den Ecken gegenüberliegenden Seiten mit kleinen Buchstaben gekennzeichnet.

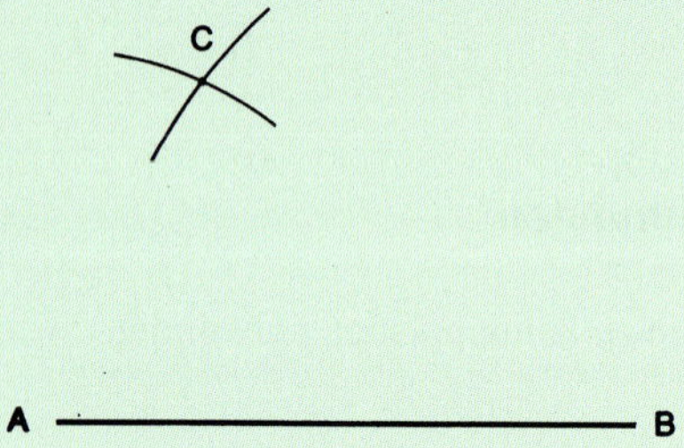


Wir zeichnen zuerst die Strecke $\overline{AB}$ und anschließend einen Kreisbogen um A mit dem Radius $\overline{AC}$ und um B einen Kreisbogen mit dem Radius $\overline{BC}$. Beide Kreisbögen schneiden sich in C. Die Zeichnung der Strecken von A nach C und von B nach C ergibt das Dreieck.

## Konstruktion der Dreieckshöhe

Man zeichnet von C aus einen beliebigen Kreisbogen, der die Grundlinie bzw. deren Verlängerung in $P_1$ und $P_2$ schneidet.

Kreisbögen um $P_1$ und $P_2$ mit beliebigem, aber gleichem Radius schneiden sich in $P_3$. Die Linie von C durch $P_3$ ergibt die Senkrechte zur Strecke $\overline{AB}$ und damit die Dreieckshöhe $\overline{CH}$.

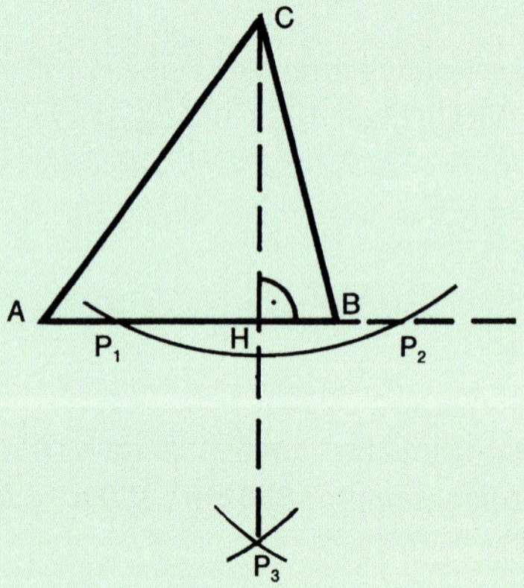


## Bemaßen von Zeichnungen

Maßlinien dienen der Angabe der Abmessungen. Sie laufen stets parallel. Maßhilfslinien werden senkrecht zur Maßlinie gezeichnet. Beide sind dünne Linien. Die Maßzahl wird oberhalb der Maßlinie eingetragen.

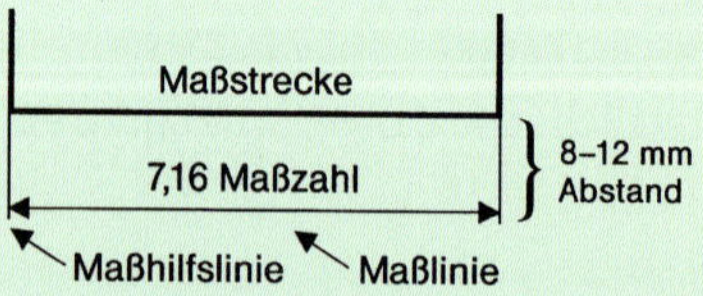


In den Schnittpunkten von Maß- und Maßhilfslinien sind Maßbegrenzungen zu zeichnen. Es können Kreise, Punkte, Schrägstriche oder Pfeile sein.

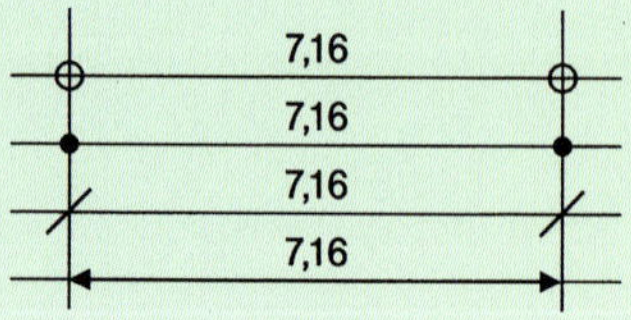

Über einen Meter lange Maßstrecken werden in m mit zwei Stellen nach dem Komma, weniger als einen Meter lange in cm angegeben, wobei die Maßeinheit nicht mitgeschrieben wird. Bruchteile von cm werden hochgesetzt, z. B. $11^5$. Sind neben m und cm noch andere Maßeinheiten verwendet worden, so sind diese nach der Maßzahl einzutragen.

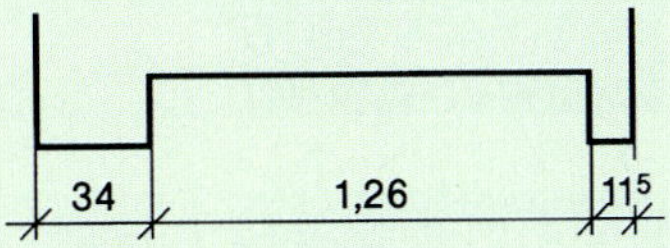


Die Maßzahlen werden über waagrecht verlaufenden Maßlinien von links nach rechts, bei senkrecht verlaufenden von unten nach oben eingetragen, sodass sie von unten bzw. rechts lesbar sind.

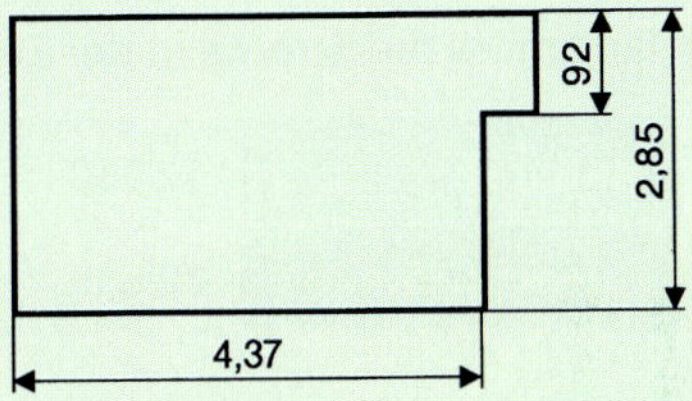


## Aufgaben:

1. a) Ermitteln Sie die tatsächliche Länge.

| Maßstab | Zeichenmaß | tatsächliche Länge |
|---|---|---|
| 1 : 100 | 1 cm | in m angeben |
| 1 : 200 | 1 mm | in cm angeben |
| 1 : 50 | 1 dm | in m angeben |
| 1 : 2500 | 1 cm | in m angeben |
| 1 : 10000 | 1 dm | in km angeben |

b) Ermitteln Sie das Zeichenmaß.

| Maßstab | tatsächliche Länge | Zeichenmaß |
|---|---|---|
| 1 : 1000 | 1 m | in mm angeben |
| 1 : 1000000 | 1 km | in mm angeben |
| 1 : 100 | 1 m | in dm angeben |
| 1 : 50000 | 1 km | in cm angeben |
| 1 : 25 | 1 m | in mm angeben |

2. Geben Sie jeweils die tatsächliche Größe in m an.

a)

| Maßstab | 1 : 50 | 1 : 125 | 1 : 2500 | 1 : 10000 |
|---|---|---|---|---|
| Zeichenmaß | 7 cm | 6,5 cm | 81,5 mm | 54 mm |

b)

| Maßstab | 1 : 25 | 1 : 400 | 1 : 1000 | 1 : 6000 |
|---|---|---|---|---|
| Zeichenmaß | 8,5 cm | 15 cm | 32 mm | 27 mm |

3. Wie lang muss die Strecke in der Zeichnung sein?

a)

| Maßstab | 1 : 250 | 1 : 2000 | 1 : 5000 | 1 : 150000 |
|---|---|---|---|---|
| tatsächl. Länge | 19,5 m | 115,4 m | 127,60 m | 25,7 km |

b)

| Maßstab | 1 : 750 | 1 : 35000 | 1 : 80 | 1 : 3000000 |
|---|---|---|---|---|
| tatsächl. Länge | 168,75 m | 5,95 km | 3,6 m | 51 km |

4. Eine rechteckige Fläche ist 55,2 m lang und 42,6 m breit.

   Zeichnen Sie die Fläche im Maßstab 1 : 750.

5. Zeichnen Sie ein trapezförmiges Grundstück im Maßstab 1 : 1 250.

   Maße: lange Grundlinie = 75,5 m, kurze Grundlinie = 62,5 m, Höhe = 34,7 m.
   Der Winkel links unten hat 90°.

6. Wie groß ist der Flächeninhalt nebenstehender Fläche?

   a) für M 1 : 2500

   b) für M 1 : 1250

   c) für M 1 : 500

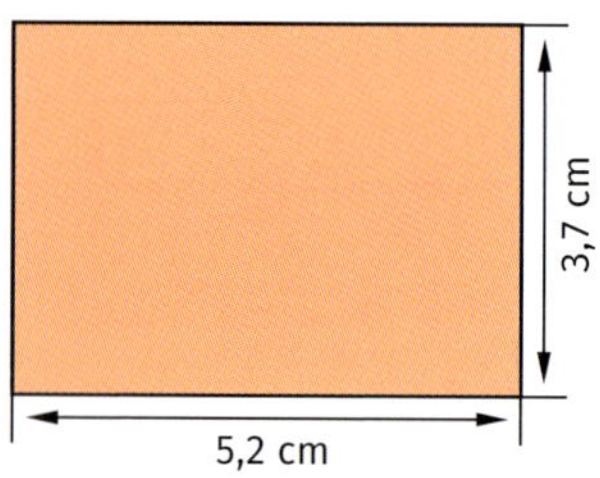


7. Eine Gartenfläche ist 7,20 m breit und 14,70 m lang. Sie wird in 1,20 m breite Beete eingeteilt. Die Wege zwischen den Beeten sind 30 cm breit.

   Zeichnen Sie diese Fläche im Maßstab 1 : 100 und teilen Sie sie ein.

8. Zeichnen Sie Dreiecke mit folgenden Seitenmaßen:

| | | | | |
|---|---|---|---|---|
| a) | $a =$ 40,5 m, | $b =$ 32,8 m, | $c =$ 48,2 m, | M = 1 : 500 |
| b) | $a =$ 250,0 m, | $b =$ 450,0 m, | $c =$ 550,0 m, | M = 1 : 4 000 |
| c) | $a =$ 60,5 m, | $b =$ 42,0 m, | $c =$ 66,7 m, | M = 1 : 1 000 |

Zeichnen Sie die Höhen ein, ermitteln Sie aus den Zeichnungen die Höhenmaße und errechnen Sie die Flächen.

9. Ein Schulgarten hat den nachstehend dargestellten Grundriss.

Zeichnen Sie einen Plan im Maßstab 1 : 100 oder 1 : 200. Berechnen Sie die einzelnen Teilflächen und die Gesamtfläche.

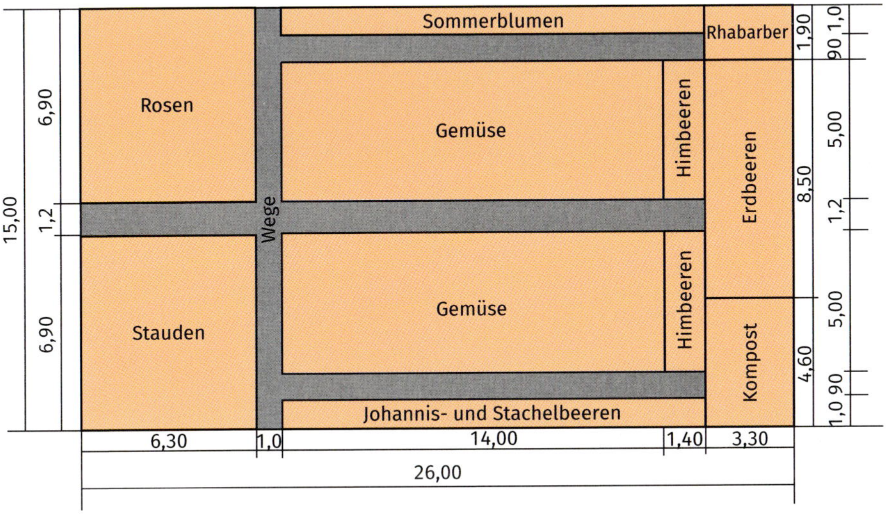

## 4.6 Die Berechnung unregelmäßiger Flächen

In der Praxis sind regelmäßige Flächen eher die Ausnahme, sodass die Berechnung von unregelmäßigen Flächen notwendig wird.

Unregelmäßige Vielecke müssen vor der Vermessung in berechenbare Flächen aufgeteilt werden. Es gibt zwei Möglichkeiten:

### a) Aufteilung eines Grundstückes in Dreiecke

**Beispiel:**

(Alle Angaben in m)

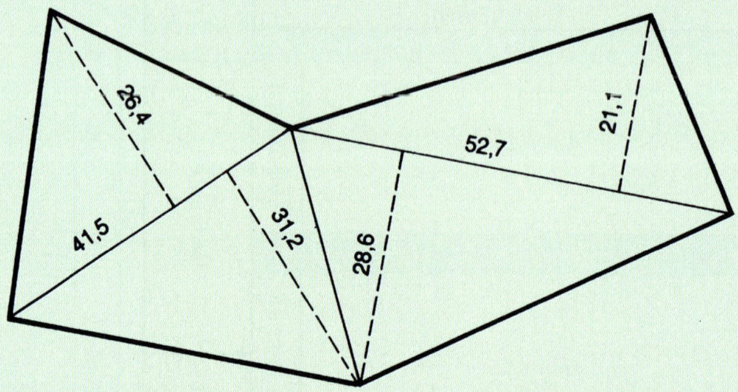


Berechnung der Fläche:

$$A = 41{,}5\text{ m} \cdot \frac{26{,}4\text{ m}}{2} + 41{,}5\text{ m} \cdot \frac{31{,}2\text{ m}}{2} + 52{,}7\text{ m} \cdot \frac{21{,}2\text{ m}}{2} + 52{,}7\text{ m} \cdot \frac{28{,}6\text{ m}}{2} =$$

oder

$$A = 41{,}5\text{ m} \cdot \frac{26{,}5\text{ m} + 31{,}2\text{ m}}{2} + 52{,}7\text{ m} \cdot \frac{21{,}1\text{ m} + 28{,}6\text{ m}}{2}$$

$$= 41{,}5\text{ m} \cdot 28{,}8\text{ m} + 52{,}7\text{ m} \cdot 24{,}85\text{ m}$$

$$= 1\,195{,}2\text{ m}^2 + 1\,309{,}595\text{ m}^2$$

$$= \underline{\underline{2\,504{,}795\text{ m}^2}}$$

### b) Aufteilung des Grundstückes durch Koordinatenmessung

Dabei wird quer durch das Grundstück von geeigneten Endpunkten aus eine Achse (Abszissenachse) festgelegt. Auf dieser werden von allen zur Vermessung wichtigen Endpunkten senkrechte Strecken (Lote) bestimmt.

Die Vermessung der Abszissenachse beginnt bei A mit 0. Alle Maße werden fortlaufend vom Nullpunkt aus angegeben.

**Beispiel:**

(Alle Maßangaben in m)

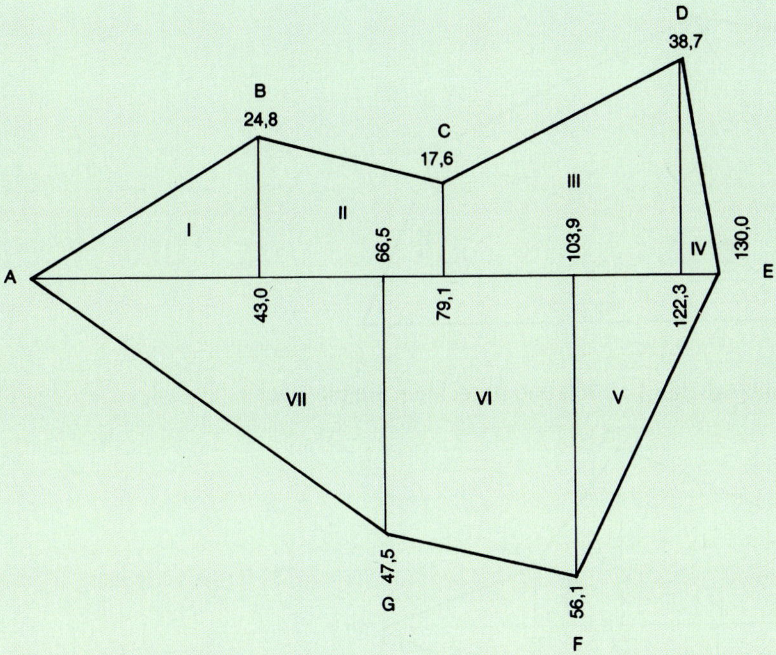


Berechnung der Fläche:

I $43{,}0\ \text{m} \cdot \dfrac{24{,}8\ \text{m}}{2} = 533{,}200\ \text{m}^2$

II $\dfrac{24{,}8\ \text{m} + 17{,}6\ \text{m}}{2} \cdot 36{,}1\ \text{m} = 765{,}320\ \text{m}^2$

III $\dfrac{17{,}6\ \text{m} + 38{,}7\ \text{m}}{2} \cdot 43{,}2\ \text{m} = 1\,216{,}080\ \text{m}^2$

IV $7{,}7\ \text{m} \cdot \dfrac{38{,}7\ \text{m}}{2} = 148{,}995\ \text{m}^2$

V $26{,}1\ \text{m} \cdot \dfrac{56{,}1\ \text{m}}{2} = 732{,}105\ \text{m}^2$

VI $\dfrac{56{,}1\ \text{m} + 47{,}5\ \text{m}}{2} \cdot 37{,}4\ \text{m} = 1\,937{,}320\ \text{m}^2$

VII $66{,}5\ \text{m} \cdot \dfrac{47{,}5\ \text{m}}{2} = \underline{1\,579{,}375\ \text{m}^3}$

$\underline{\underline{6\,912{,}395\ \text{m}^2}}$

## Aufgaben:

1. Berechnen Sie die Flächen des nachstehend dargestellten Grundstücks.

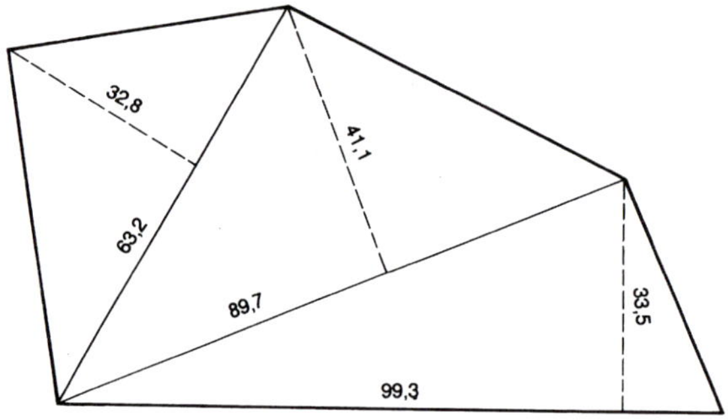


2. Zeichnen Sie im Maßstab 1 : 2 000 und berechnen Sie die Fläche.

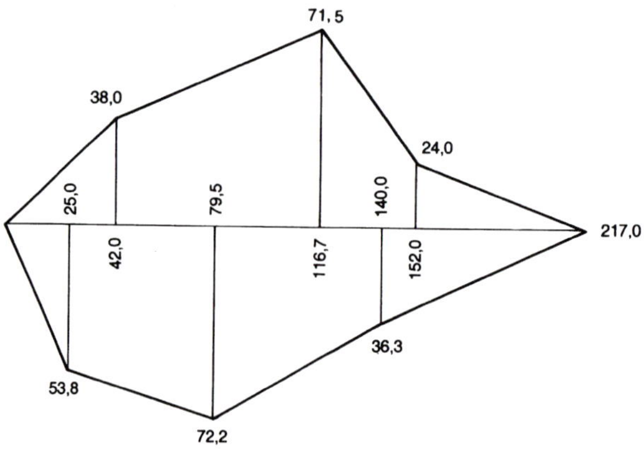


3. Nebenstehendes Grundstück hat folgende Abmessungen:

   $\overline{AB} = 54{,}0$ m
   $\overline{BC} = 51{,}3$ m
   $\overline{CD} = 68{,}6$ m
   $\overline{DA} = 42{,}1$ m
   $\overline{AC} = 76{,}7$ m

   a) Zeichnen Sie die Fläche im Maßstab 1 : 1 000.

   b) Konstruieren Sie die Höhen für die beiden Teildreiecke.

   c) Berechnen Sie die Fläche.

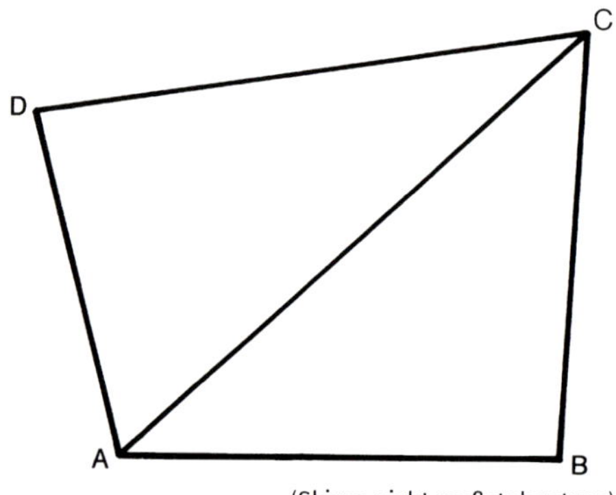


(Skizze nicht maßstabgetreu)

## 4.7 Intensitätsstufe

Die Größe und Leistungsfähigkeit eines Gärtnereibetriebes hängt nicht nur von den zur Verfügung stehenden Flächen ab, sondern auch von der Intensität, mit der die Flächen genutzt werden.
Dies bedeutet beispielsweise, dass die Böden möglichst ganzjährig genutzt werden und z.B. unter Einsatz von mineralischen und organischen Düngemitteln maximale Erträge erzielt werden.

Zum Vergleich unterschiedlich intensiver Gärtnereibetriebe errechnet man die gärtnerische Einheitsfläche. Sie wird mit der Benennung Einheitsquadratmeter ($Em^2$) ausgedrückt. Dabei wird die gärtnerische Fläche mit der entsprechenden Intensitätszahl vervielfacht.

**Intensitätszahlen**

| | | |
|---|---|---|
| Gemüse: | Freilandfläche | 1,0 |
| | Glasfläche, nicht heizbar | 7,0 |
| | Glasfläche, heizbar | 9,0 |
| Zierpflanzen: | Freilandfläche | 2,0 |
| | Glasfläche, nicht heizbar | 10,0 |
| | Glasfläche, heizbar | 20,0 |

Teilt man die gärtnerische Einheitsfläche durch die gärtnerische Nutzfläche, so erhält man die Intensitätsstufe des Betriebes.

$$\text{Intensitätsstufe} = \frac{\text{gärtnerische Einheitsfläche}}{\text{gärtnerische Nutzfläche}}$$

**Beispiel:**

Gemischtbetrieb

| | | |
|---|---|---|
| Gemüse, Freilandfläche | $10\,000\ m^2 \cdot 1{,}0 =$ | $10\,000\ Em^2$ |
| Zierpflanzen, Freilandfläche | $6\,500\ m^2 \cdot 2{,}0 =$ | $13\,000\ Em^2$ |
| Gemüse, Glasfläche, nicht heizbar | $900\ m^2 \cdot 7{,}0 =$ | $6\,300\ Em^2$ |
| Zierpflanzen, Glasfläche, nicht heizbar | $700\ m^2 \cdot 10{,}0 =$ | $7\,000\ Em^2$ |
| Gemüse, Glasfläche, heizbar | $1\,000\ m^2 \cdot 9{,}0 =$ | $9\,000\ Em^2$ |
| Zierpflanzen, Glasfläche, heizbar | $1\,200\ m^2 \cdot 20{,}0 =$ | $24\,000\ Em^2$ |
| Summe | $20\,300\ m^2$ | $69\,300\ Em^2$ |

Gärtnerische Nutzfläche $= 20\,300\ m^2$

Gärtnerische Einheitsfläche $= 69\,300\ Em^2$

$$\text{Intensitätsstufe} = \frac{69\,300\ Em^2}{20\,300\ m^2} = \underline{\underline{3{,}41}}$$

## Aufgaben:

1. Ein Gärtnereibetrieb bewirtschaftet folgende Flächen:

| | |
|---|---|
| Gemüse, Freiland | 43,52 a |
| Gemüse, Glasfläche, nicht heizbar | 15,35 a |
| Gemüse, Glasfläche, heizbar | 320 m² |
| Zierpflanzen, Freiland | 18,52 a |
| Zierpflanzen, Glasfläche, nicht heizbar | 850 m² |
| Zierpflanzen, Glasfläche, heizbar | 1 200 m² |

   a) Berechnen Sie die gärtnerische Einheitsfläche des Betriebes und seine Intensitätsstufe.

   b) Wie ändert sich die Intensitätsstufe, wenn auf der Freilandfläche für Zierpflanzen ein heizbares Gewächshaus für Zierpflanzen mit einer Grundfläche von 800 m² errichtet wird?

2. Berechnen Sie die Intensitätsstufen für folgende Gartenbaubetriebe:

| | a | b | c | d |
|---|---|---|---|---|
| **Gemüse, Freiland** | – | 15 000 m² | – | 4 000 m² |
| **Gemüse, Glasfläche, nicht heizbar** | – | 3 000 m² | – | 2 000 m² |
| **Gemüse, Glasfläche, heizbar** | – | 1 000 m² | – | 1 500 m² |
| **Zierpflanzen, Freiland** | 8 000 m² | – | – | 3 000 m² |
| **Zierpflanzen, Glasfläche, nicht heizbar** | 960 m² | – | 2 500 m² | 2 500 m² |
| **Zierpflanzen, Glasfläche, heizbar** | 1 920 m² | – | 3 200 m² | 3 000 m² |

## 4.8 Tages- und Monatsquadratmeter

Bei der Berechnung der Produktionskosten muss man im Gartenbau berücksichtigen, wie lange eine Kultur eine bestimmte Produktionsfläche beansprucht. Es wird dabei mit den Einheiten Tagesquadratmeter (Tm²) bzw. Monatsquadratmeter (Mm²) gearbeitet.

1 Mm² ≙ 1 m² wird einen Monat lang benötigt. Mit Tm² und Mm² wird also ausgedrückt, wie lange eine bestimmte Kultur die erforderliche Fläche benötigt. Man spricht vom „Platz-Zeit-Wert".

$$\text{Tagesquadratmeter} = \text{Fläche in m}^2 \cdot \text{Zeit in Tagen}$$

$$\text{Monatsquadratmeter} = \text{Fläche in m}^2 \cdot \text{Zeit in Monaten}$$

oder

$$\text{Monatsquadratmeter} = \frac{\text{Tagesquadratmeter}}{30}$$

**Beispiel:**

1 000 Gloxinienpflanzen (Sinningia-Hybriden) sind heranzuziehen. Die 1 000 keimfähigen Samen werden im Abstand 1 cm · 1 cm abgelegt.

35 Tage nach der Saat wird im Abstand 3,5 cm · 3,5 cm pikiert.

Nach weiteren 35 Tagen wird im Abstand 7 cm · 7 cm erneut pikiert.

30 Tage später wird in Töpfe gepflanzt und die Töpfe im Quadratverband 18 cm · 18 cm aufgestellt.

Nach weiteren 25 Tagen werden die Töpfe auf einen Abstand von 25 cm · 25 cm gerückt, bleiben so 70 Tage stehen und sind dann verkaufsfertig. Eine Gloxinie wird für 4,00 € verkauft.

Berechnen Sie
a) die Kulturdauer,
b) die $Tm^2$ und $Mm^2$ für die 1 000 Stück,
c) den Erlös je $Mm^2$.

a) 35 + 35 + 30 + 25 + 70 = 195 Tage

b)

| Vorgang | Platzbedarf in m² je Pflanze | Platzbedarf in m² für 1 000 Pflanzen | Zeit in Tagen | Tagesquadratmeter |
|---|---|---|---|---|
| Saat | 0,0001 | 0,1 | 35 | 3,500 |
| 1. Pikieren | 0,001225 | 1,225 | 35 | 42,875 |
| 2. Pikieren | 0,0049 | 4,9 | 30 | 147,000 |
| Topfen | 0,0324 | 32,4 | 25 | 810,000 |
| Rücken | 0,0625 | 62,5 | 70 | 4 375,000 |
| | | | | 5 378,375 |

Monatsquadratmeter 5 378,375 : 30 = 179 $Mm^2$

c) Gesamterlös: 4,00 € · 1 000 = 4 000,00 €

Erlös je $Mm^2$: $\frac{4\,000\ €}{179\ Mm^2} = 22{,}35\ \frac{€}{Mm^2}$

## Aufgaben:

1. 2 550 Tagetes-Erecta-Hybriden werden in Multitopfplatten herangezogen. Eine Multitopfplatte ist 51 cm · 30 cm groß und hat 51 Töpfe. Die Kultur dauert 8 Wochen.

   Berechnen Sie die $Tm^2$ und die $Mm^2$ für 2 550 Stück und für 1 000 Stück.

2. 1 000 Fuchsien werden herangezogen.
   Die Stecklinge werden im Abstand 4 cm · 4 cm ausgesteckt. Nach 30 Tagen wird getopft. Die 7er-Töpfe werden im Quadratverband 8 cm · 8 cm aufgestellt. Nach 45 Tagen wird in 11er-Töpfe getopft und die Töpfe im Abstand 14 cm · 14 cm aufgestellt. Nach weiteren 30 Tagen werden die Töpfe auf Abstände von 20 cm · 20 cm gerückt. 30 Tage später sind sie verkaufsfertig. 1 Stück kostet 2,50 €.

   a) Wie lange dauert die Kultur?
   b) Berechnen Sie die $Tm^2$ und $Mm^2$.
   c) Welcher Erlös wird je $Mm^2$ erzielt?

3. Berechnen Sie die $Tm^2$ und $Mm^2$ für 1 000 Cyclamen.

| | Flächenbedarf in $m^2$ | Tage |
|---|---|---|
| Saat | 0,6 | 60 |
| 1. Pikieren | 2,5 | 40 |
| 2. Pikieren | 10,0 | 50 |
| Topfen | 21,0 | 35 |
| 1. Rücken | 40,0 | 40 |
| 2. Rücken | 62,0 | 40 |

   Eine Pflanze wird für 4,20 € verkauft.
   Welcher Erlös wird je $Mm^2$ erzielt?

4. 3 600 keimfähige Cyclamen-Samen werden in Kisten im Abstand von 3 cm · 3 cm ausgesät. Nach 8 Wochen wird im Abstand 8 cm · 8 cm pikiert. Getopft wird nach weiteren 10 Wochen in 11er-Töpfe, die im Quadratverband so aufgestellt werden, dass sie sich berühren. Nach 5 Wochen werden sie im Quadratverband auf 25 cm · 25 cm gerückt und nach weiteren 12 Wochen verkauft.

   a) Berechnen Sie die $Tm^2$ für 3 600 und für 1 000 Cyclamen.

   b) Rechnen Sie in gleicher Weise, wenn die Töpfe nicht im Quadratverband, sondern im Dreieckverband aufgestellt werden.

5. Ein Zierpflanzenbetrieb übernimmt im Vertragsanbau die Kultur von 30 000 Gloxinien (Sinningia-Hybriden). Für 1 000 Jungpflanzen benötigt man 0,2 g Samen. Je m² sät man 1,5 g Samen in Kisten aus. 35 Tage nach der Aussaat wird erstmals pikiert. Es stehen dann 750 Pflanzen auf einem m². Nach weiteren 30 Tagen wird erneut pikiert, sodass dann noch 250 Pflanzen je m² stehen. 28 Tage nach dem zweiten Pikieren werden die Pflanzen getopft und so aufgestellt, dass je m² 25 Pflanzen stehen. 30 Tage später wird verkauft.

   a) Berechnen Sie die Tm² für 30 000 und für 1 000 Gloxinien.
   b) Die Kapitalkosten (Abschreibung, Verzinsung) werden je Mm² mit 0,95 € veranschlagt.

      Wie hoch sind 1 000 Gloxinien mit Kapitalkosten belastet?

## 4.9 Flächenausnutzung bei Gewächshäusern

Gewächshäuser verursachen sehr hohe Kosten durch Kapitalkosten (Abschreibung, Verzinsung, Versicherung) und Betriebskosten (Heizung, Strom, Reparaturen). Es ist daher erforderlich, den Nutzflächenanteil möglichst hoch anzusetzen und die nicht produktiven Flächen, z. B. Wege, so gering wie möglich zu halten.

**Beispiel:**

Ein Gewächshaus ist 9,30 m breit und 16 m lang. An den langen Seiten steht an den Wänden beiderseits je ein 1,10 m breiter Bankbeettisch. In der Mitte sind zwei 14 m lange und 2,20 m breite Tische aufgestellt.

Es sind zu berechnen:

a) die Grundfläche in m²,

b) die Nutzfläche in m²,

c) die Nutzfläche in %.

a) $16{,}00\text{ m} \cdot 9{,}30\text{ m} = \underline{\underline{148{,}80\text{ m}^2}}$

b) $16{,}00\text{ m} \cdot 1{,}10\text{ m} \cdot 2 = 35{,}20\text{ m}^2$
$14{,}00\text{ m} \cdot 2{,}20\text{ m} \cdot 2 = \underline{61{,}60\text{ m}^2}$
$\underline{\underline{96{,}80\text{ m}^2}}$

c) $148{,}80\text{ m}^2 \triangleq 100\,\%$
$1{,}488\text{ m}^2 \triangleq 1\,\%$
$96{,}80\text{ m}^2 \triangleq 96{,}80\text{ m}^2 : 1{,}488\text{ m}^2 = \underline{\underline{65{,}05\,\%}}$

## Aufgaben:

1. Berechnen Sie von nachstehendem Gewächshaus-Grundriss
   a) die Grundfläche,
   b) die Nutzfläche und Wegfläche in m²,
   c) die Nutzfläche und Wegfläche in Prozent.

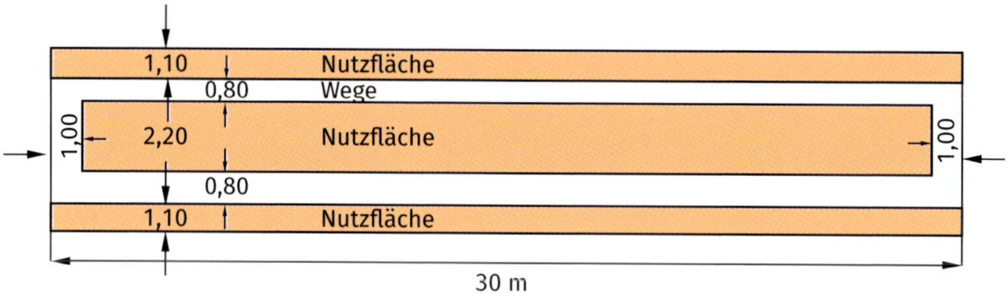


2. In einem Betrieb wird überlegt, wie ein 12 m · 40 m großes Gewächshaus eingeteilt werden soll. Es werden folgende drei unterschiedliche Möglichkeiten erwogen:

**A**

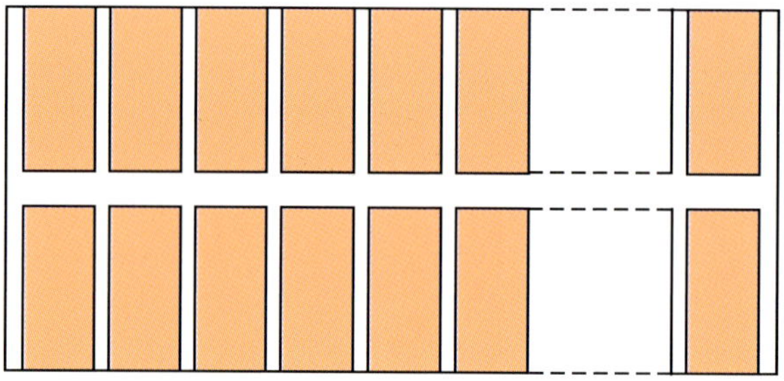

Die Tische sind 2,20 m breit, der Hauptweg 1,20 m und die Querwege mindestens 0,50 m.

**B**

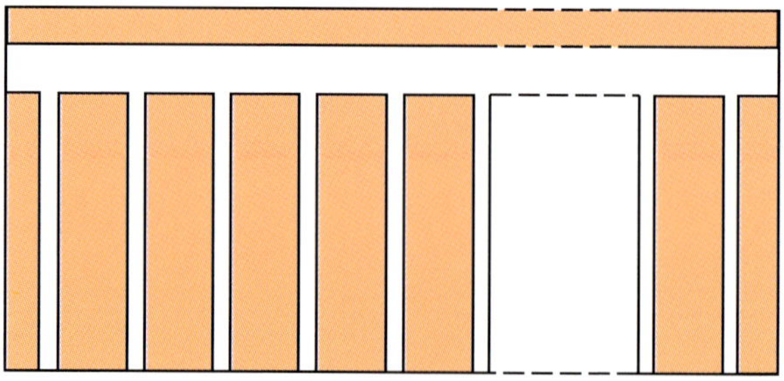

Die Wandtische sind 1,10 m, die übrigen 2,20 m breit. Der Hauptweg ist 1,20 m breit, die Querwege sind mindestens 0,50 m breit.

C

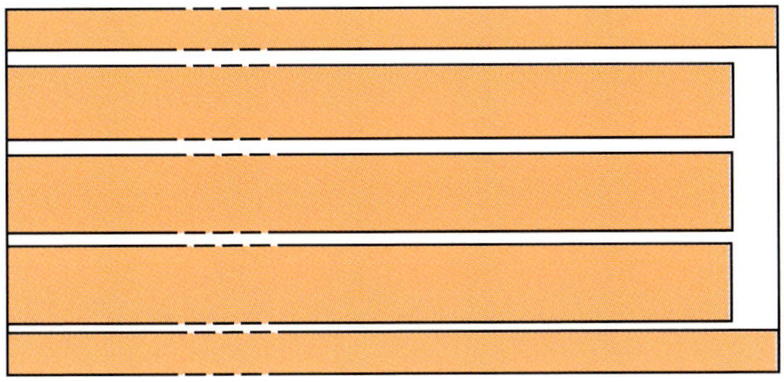

Die Wandtische sind 1,10 m, die übrigen Tische 2,20 m und der Querweg 1,20 m breit. Wie breit werden die vier langen Wege?

a) Berechnen Sie für A und B, wie viele 2,20 m Tische aufgestellt werden können.

b) Wie groß sind die Nutzflächen bei A, B und C in m²?

c) Wie hoch ist der Nutzflächenanteil bei den drei Varianten in Prozent an der Gesamtfläche?

d) Bei Anordnung A käme auch die Aufstellung von Rolltischen infrage. Dabei würde immer nach 5 Tischen ein Weg mit 1,0 m Breite vorgesehen. Rechnen Sie für diese Anordnung in gleicher Weise.

3. Ein Großraumgewächshaus ist 72 m lang und 15 m breit. Die Inneneinrichtung besteht aus

4 Bankbeeten mit den Maßen 69 m · 2,20 m,
2 Bankbeeten mit den Maßen 69 m · 1,05 m.

a) Wie groß ist die gesamte Bankbeetfläche?

b) Berechnen Sie die Nutzfläche in Prozent.

c) Wie viel Kubikmeter Substrat werden benötigt, wenn die gesamte Tischbeetfläche mit Substrat 15 cm hoch aufgefüllt wird?

d) Wie viel Kilogramm Volldünger werden benötigt, wenn je m² Tischbeetfläche 35 g zu verabreichen sind?

4. Ein Gewächshaus ist 12 m breit und 40 m lang. Die Bankbeete werden laut Angaben im Katalog eines Herstellers in einer Breite von 1,10 m und 2,20 m angeboten.

a) Zeichnen Sie den Gewächshaus-Grundriss im Maßstab 1 : 200. Skizzieren Sie eine optimale Variante zur Anordnung der Bankbeete.

b) Berechnen Sie die Bankbeetfläche und die Wegfläche in m² und in Prozent.

## 4.10 Flächenleistung bei der Bodenbearbeitung

Wenn zwei Personen den gleichen Arbeitsauftrag erledigen, so heißt dies nicht, dass sie die gleiche Leistung erbringen. Die benötigte Zeit spielt dabei eine wesentliche Rolle.

Die Flächenleistung hängt von der Arbeitsbreite und der Fahrgeschwindigkeit ab. Zur Ermittlung der Fahrgeschwindigkeit *v* benötigt man die zurückgelegte Wegstrecke *s* und die entsprechende Fahrzeit *t*.

Es ist mit folgenden Formeln zu arbeiten:

$$\text{Wegstrecke} = \frac{\text{Fläche}}{\text{Arbeitsbreite}}$$

$$s = \frac{A}{b}$$

$$\text{Geschwindigkeit} = \frac{\text{Weg}}{\text{Zeit}}$$

$$v = \frac{s}{t}$$ , daraus folgt $t = \frac{s}{v}$

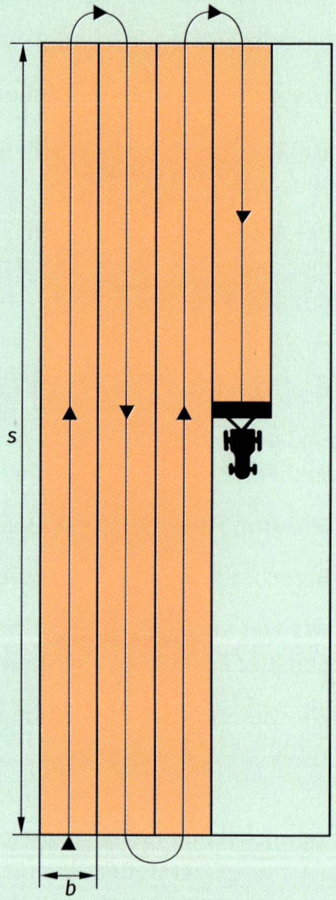


$$\text{Flächenleistung} = \frac{\text{Fläche}}{\text{Zeit}}$$

$$P_A = \frac{A}{t}$$

Wir können für *t* auch $\frac{s}{v}$ einsetzen.

Daraus folgt:

$$P_A = \frac{A}{\frac{s}{v}} = \frac{A \cdot v}{s}$$

Statt *s* kann auch $\frac{A}{b}$ eingesetzt werden.

Daraus folgt:

$$P_A = \frac{A \cdot v}{\frac{A}{b}} = v \cdot b$$

**Beispiel:**

Auf der Fläche 1 a wird mit einer Arbeitsbreite von 80 cm gefräst.

a) Welche Wegstrecke muss zurückgelegt werden?

$$s = \frac{A}{b} = \frac{100\ m^2}{0{,}8\ m} = \underline{\underline{125\ m}}$$

b) Die reine Fahrzeit (ohne Wenden) beträgt 4 Minuten $= \frac{1}{15}$ h.
Wie groß ist die Fahrgeschwindigkeit?

$$v = \frac{s}{t} = \frac{125\ m}{\frac{1}{16}\ h} = 125\ m \cdot 15\ \frac{1}{h} = 1\,875\ \frac{m}{h}$$

$$= \underline{\underline{1{,}875\ \frac{km}{h}}}$$

c) Wie groß ist die Flächenleistung, wenn einschließlich des Wendens die gesamte Arbeitszeit 6 Minuten beträgt?

$$P_A = \frac{A}{t} = \frac{100\ m^2}{\frac{1}{10}\ h} = 100\ m^2 \cdot 10\ \frac{1}{h} = \underline{\underline{1\,000\ \frac{m^2}{h}}}$$

Anmerkung: Dividiert man eine Zahl durch einen Bruch, muss man mit dessen Kehrwert (auch: Reziproke) multiplizieren.

## Aufgaben:

1.

| | a) | b) | c) | d) |
|---|---|---|---|---|
| **Arbeitsbreite** | 1,2 m | 3,0 m | 0,9 m | *b* in m |
| **Fahrgeschwindigkeit** | 4,5 $\frac{km}{h}$ | *v* in $\frac{km}{h}$ | 2,5 $\frac{km}{h}$ | 4,0 $\frac{km}{h}$ |
| **Fläche** | 0,6 ha | 50 a | A in ha | 27,5 a |
| **Fahrzeit** | *t* in h | 30 min | 25 min | 0,6 h |

**a)** Berechnen Sie jeweils die fehlende Größe.

**b)** Wie groß sind die Flächenleistungen in ha/h?

2. Bei einer Arbeitsbreite von 75 cm fährt eine Fräse mit einer schlupffreien Geschwindigkeit von 2,4 km/h.

   a) Welche Wegstrecke muss je ha zurückgelegt werden?

   b) Berechnen Sie die reine Arbeitszeit für einen ha.

   c) Eine gärtnerische Fläche ist 120 m lang und 60 cm breit. In welcher Zeit wird eine Schlaglänge zurückgelegt?

   d) Wie viele Fahrten sind bei der Bearbeitung des Feldes erforderlich?

3. Eine 6-kW-Fräse mit einer Arbeitsbreite von 60 cm fährt mit einer Geschwindigkeit von 2 km/h.
   a) Welche Fläche kann in einer Stunde bearbeitet werden, wenn die Verlustzeiten 25 % betragen?
   b) In welcher Zeit können 2 500 $m^2$ gefräst werden, wenn die Verlustzeiten 18 % betragen? Welche Wegstrecke muss dabei zurückgelegt werden?

4. Eine Rasenfläche ist 75 m lang und 42 m breit. Sie wird mit einem selbstfahrenden Rasenmäher mit einer wirksamen Schnittbreite von 1,05 m gemäht. Die Fahrgeschwindigkeit beträgt 3,8 km/h.

   a) Welche Wegstrecke ist zurückzulegen?
   b) In welcher Zeit ist der Rasen gemäht, wenn die Verlustzeiten 15 % betragen?
   c) Wie groß ist die Flächenleistung in ha/h?

5. Ein 145 m langes und 96 m breites Gemüsefeld wird mit einem Zweischarpflug gepflügt. Bei einer Arbeitsbreite von 50 cm beträgt die Flächenleistung 0,25 ha/h.

   a) Welche Wegstrecke wird beim Pflügen zurückgelegt?
   b) Mit welcher durchschnittlichen Geschwindigkeit wird gefahren?
   c) Berechnen Sie die gesamte Arbeitszeit.

6. Eine rechteckige Rasenfläche ist 108 m lang und 77 m breit. Die wirksame Schnittbreite des Mähwerks beträgt 1,10 m. In 75 Minuten soll die Fläche gemäht werden.

   a) Mit welcher Geschwindigkeit in km/h muss gefahren werden? Rechnen Sie das Ergebnis auch in m/min um.

   b) Wie groß ist die Flächenleistung in ha/h und in a/min?

7. Beim Pflügen zählte man 25 Radumdrehungen bei einer Ackerlänge von 82 m. Der Durchmesser des Schlepprades betrug 1,25 m.

   a) Berechnen Sie den Schlupf bei einer Radumdrehung in cm.
   b) Wie viel Prozent sind das?

# 5 Raummaße und Körperberechnungen

## 5.1 Berechnung regelmäßiger Körper

Unter einem Raummaß versteht man die Ausdehnung eines Körpers in drei Dimensionen.

Die Einheit der Raummaße ist der Kubikmeter ($m^3$).

1 Kubikmeter ($m^3$) = 1 000 Kubikdezimeter ($dm^3$)
1 $dm^3$ = 1 000 Kubikzentimeter ($cm^3$); 1 $dm^3$ = 1 l
1 $cm^3$ = 1 000 Kubikmillimeter ($mm^3$); 10 $cm^3$ = 1 cl

1 $m^3$ = 1 000 $dm^3$ = 1 000 000 $cm^3$ = 1 000 000 000 $mm^3$

Beim Umrechnen in das nächsthöhere oder nächstniedere Raummaß ist das Dezimalkomma um **3** Stellen zu verschieben.

**Beispiele:**

5 $dm^3$ = 5 000 $cm^3$; 5 $dm^3$ = 0,005 $m^3$

Bei Flüssigkeiten wird gewöhnlich mit der Einheit Liter (l) gerechnet.

1 $m^3$ = 1 000 l = 10 Hektoliter (hl)
100 l = 1 hl

1 l = 1 $dm^3$ = 10 Deziliter (dl) = 100 cl = 1 000 ml
1 dl = 10 Zentiliter (cl) = 100 Milliliter (ml)
1 l = 10 dl = 100 cl = 1000 ml

## Gerade Körper

### Quader

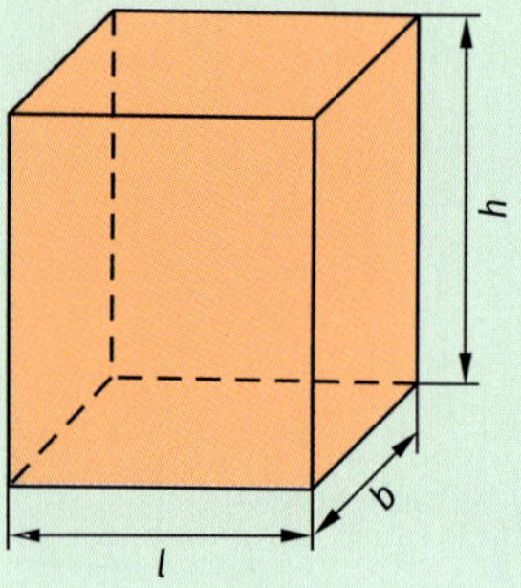


$V = l \cdot b \cdot h$

$A_O = (l \cdot b + l \cdot h + b \cdot h) \cdot 2$

$A_O$ = Oberfläche

### Zylinder

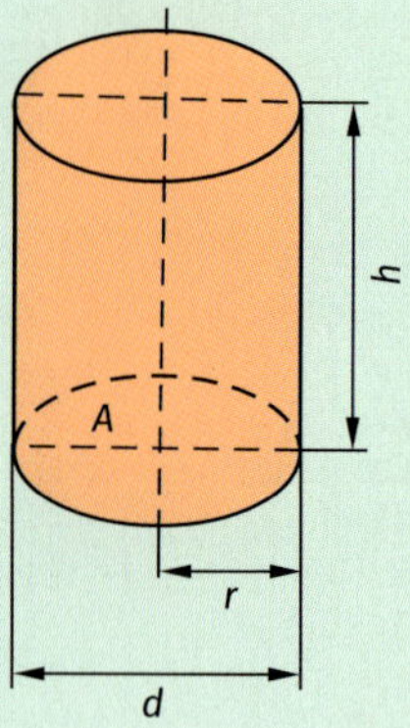


$V = r \cdot r \cdot 3{,}14 \cdot h$

$\phantom{V} = r^2 \cdot \pi \cdot h$

$A_O = r^2 \cdot \pi \cdot 2 + d \cdot \pi \cdot h$

## Spitze Körper

### Pyramide

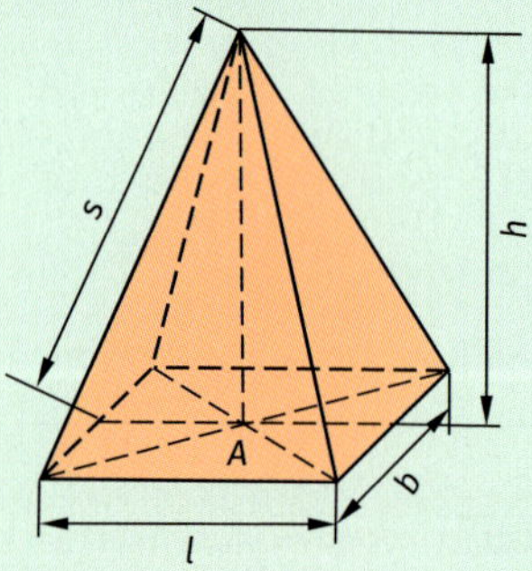


$$V = \frac{l \cdot b \cdot h}{3}$$

$$s = \sqrt{\left(\frac{b}{2}\right)^2 + h^2} \quad \text{oder}$$

$$s = \sqrt{\left(\frac{l}{2}\right)^2 + h^2}$$

$M = l \cdot s + b \cdot s = s \cdot (l + b)$

(M = Mantelfläche)

### Kegel

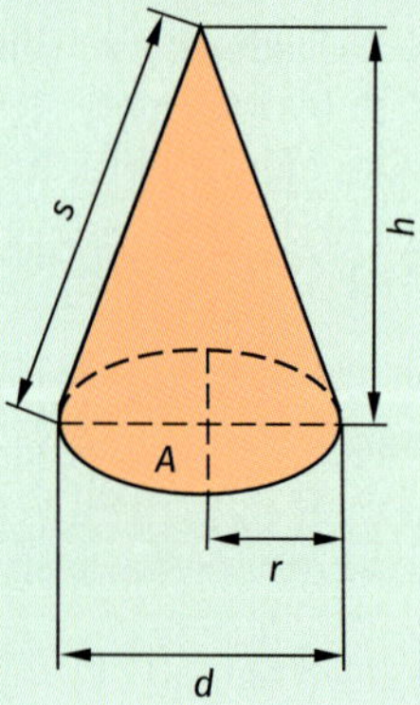


$$V = \frac{r^2 \cdot \pi \cdot h}{3}$$

$$s = \sqrt{r^2 + h^2}$$

$$M = \frac{d \cdot \pi \cdot s}{2} = r \cdot \pi \cdot s$$

Die Mantelfläche eines Kegels kann man sich in schmale Dreiecke aufgeteilt denken, mit dem Umfang der Grundfläche als Grundlinie und s als Höhe.

## Stumpfe Körper

Pyramidenstumpf

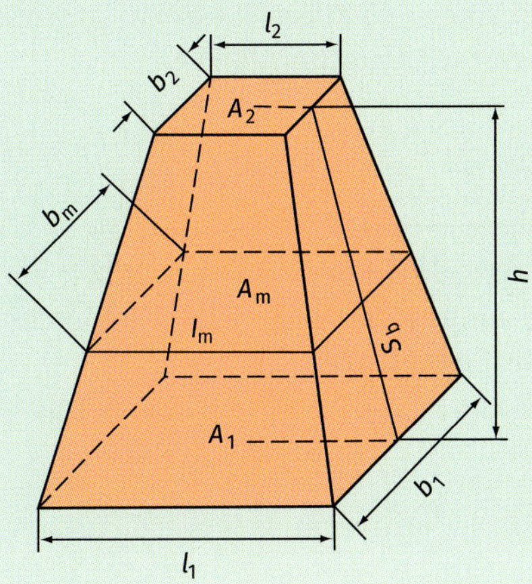


Kegelstumpf

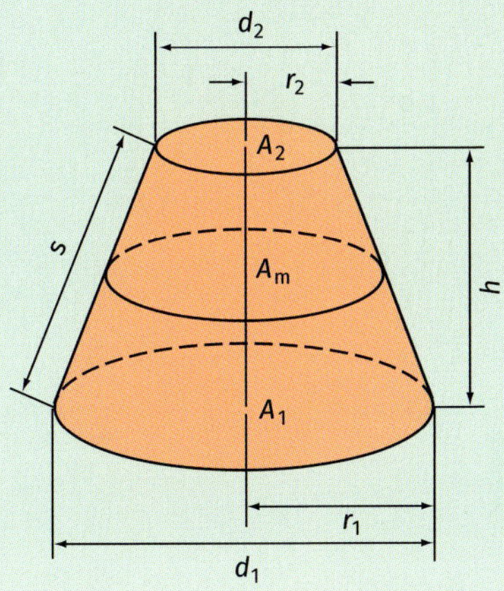


$$l_m = \frac{l_1 + l_2}{2}$$

$$b_m = \frac{b_1 + b_2}{2}$$

$$A_m = l_m \cdot b_m$$

$$r_m = \frac{r_1 + r_2}{2}$$

$$A_m = r^2_m \cdot \pi_m$$

$$V = \frac{h}{3}\left(A_1 + A_2 + \sqrt{A_1A_1}\right)$$

Ein annähernd genaues Ergebnis erhält man mit der Formel $V = A_m \cdot h$.

$$s_l = \sqrt{\left(\frac{l_1}{2} - \frac{l_2}{2}\right)^2 + h^2} \quad \text{oder}$$

$$s_h = \sqrt{\left(\frac{b_1}{2} - \frac{b_2}{2}\right)^2 + h^2}$$

$$M = \frac{l_1 + l_2}{2} \cdot s_l \cdot 2 + \frac{b_1 + b_2}{2} \cdot s_h \cdot 2 =$$

$$= (l_1 + l_2) \cdot s_l + (b_1 + b_2) \cdot s_b$$

$$U_m = \frac{d_1 + d_2}{2} \cdot \pi$$

$U_m$ = mittlerer Umfang

$$s = \sqrt{(r_1 - r_2)^2 + h^2}$$

$$M = U_m \cdot s$$

**Kugel**

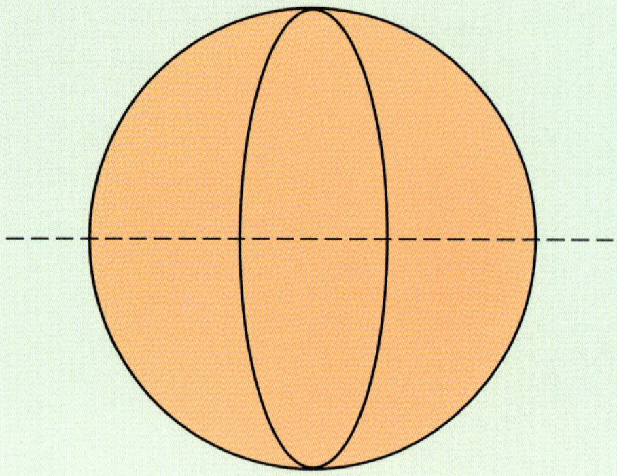

$A = r^2 \cdot \pi \cdot 4 = d^2 \cdot \pi$

Die Oberfläche einer Kugel ist viermal so groß wie ihre größte Querschnittfläche.

$V = \frac{4}{3} \cdot r^3 \cdot \pi = \frac{d^3}{6} \cdot \pi$

Das Volumen einer Kugel ist etwas größer als die Hälfte eines Würfels mit dem Kugeldurchmesser als Seitenlänge.

## Aufgaben:

1. Berechnen Sie in dm3.

   a) 3 hl + 0,5 $m^3$ + 3 280 $cm^3$ + 70 l + 783 000 $mm^3$ =

   b) $\frac{1}{2}$ $m^3$ + 0,55 hl + $\frac{3}{8}$ l + $\frac{19}{20}$ $m^3$ + 8 850 $cm^3$ =

2. Berechnen Sie in $m^3$.

   a) 17 hl + 30 l + 250 $dm^3$ + 1 000 $cm^3$ + 1 Million $mm^3$ =

   b) 0,5 l + 0,23 hl + 3 000 $dm^3$ + 7 700 ml + 1 Milliarde $mm^3$ =

3. Berechnen Sie in hl.

   a) 1,8 $m^3$ + 350 l + 58 700 $dm^3$ + 258 000 $cm^3$ + 77 285 000 ml =

   b) 5 000 l + 0,25 $m^3$ + 88 $dm^3$ + 5 Millionen ml + 60 000 $cm^3$ =

4. Ein Komposthaufen hat den dargestellten Querschnitt. Seine mittlere Länge beträgt 8 m.

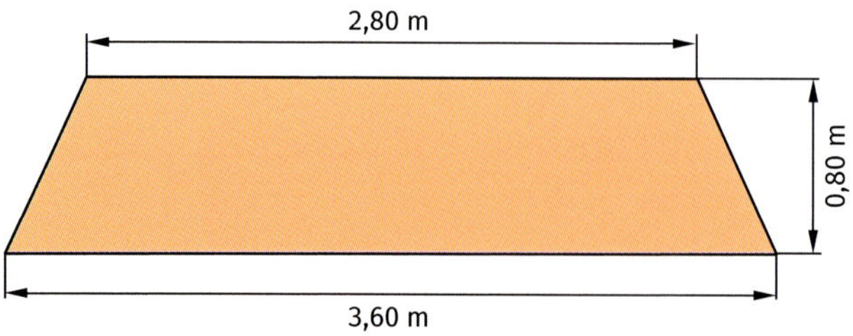


Zeichnen Sie den Querschnitt im Maßstab 1 : 50 und berechnen Sie das Volumen des Komposthaufens.

5. a) Zeichnen Sie den Querschnitt einer Gemüsemiete im Maßstab 1 : 20.
   b) Berechnen Sie das Volumen des eingelagerten Gemüses, wenn die Miete 6,50 m lang ist.

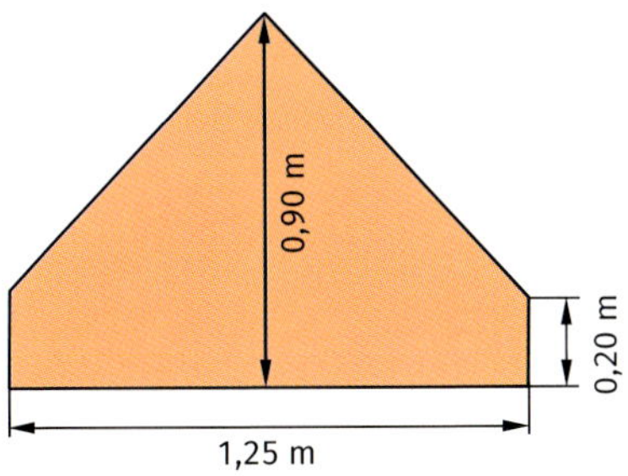


6. Ein Gewächshaus ist 28 m lang.

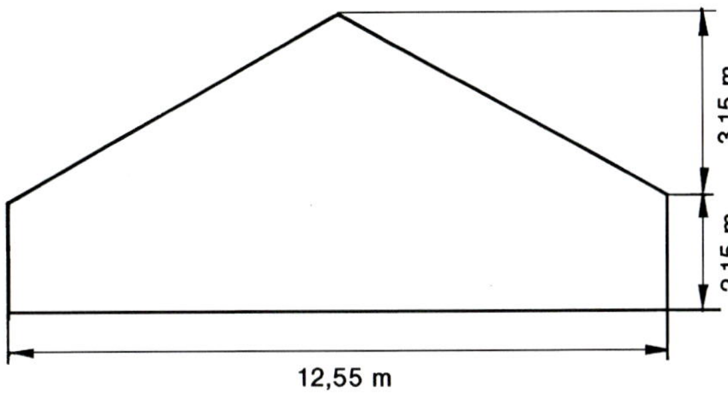


   a) Zeichnen Sie den Querschnitt im Maßstab 1 : 200.
   b) Wie groß ist das Volumen des Gewächshauses?
   c) Berechnen Sie die Oberfläche.

7. Für Werbezwecke wird vor einem Blumengeschäft eine 2,20 m hohe Litfaßsäule aufgestellt. Ihr Durchmesser beträgt 80 cm.

   Wie viel Quadratmeter Anschlagfläche stehen zur Verfügung?

8. Ein Quader ($l$ = 55 cm, $b$ = 45 cm, $h$ = 72 cm) wird auf allen Flächen mit Ausnahme der Bodenfläche mit Dekorationsstoff bespannt.

   Wie viel Quadratmeter Stoff werden benötigt, wenn der Verschnitt unberücksichtigt bleibt?

9. Ein rechteckig gestapelter Haufen Kompost ist 3,50 m lang, 2,80 m breit und 1,90 m hoch.

   Berechnen Sie sein Volumen und seine Oberfläche.

10. Ein Schwimmbecken soll gefliest werden. Eine Fliese ist 30 cm lang und 30 cm breit.

   Berechnen Sie die Anzahl der benötigten Fliesen, wenn das Becken 5 m lang, 2 m breit und 1,50 m tief ist.

**11.** Ein Entwässerungsgraben ist auszuheben. Dabei müssen 173,4375 m³ Erde bewegt werden. Querschnitt siehe Skizze.

Wie lang ist der Graben?

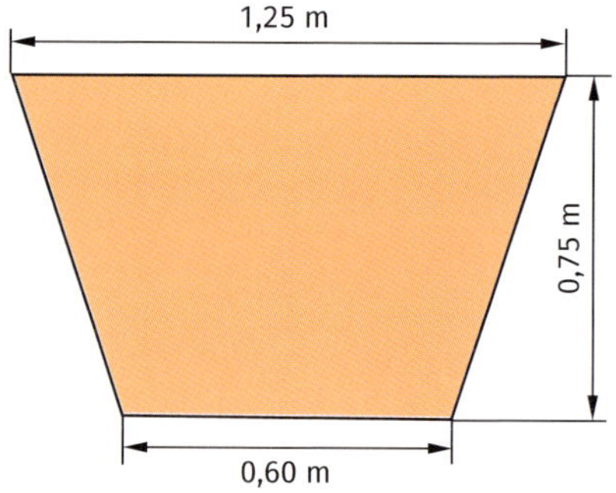


**12.** 8 000 Blumenpflanzen sind einzutopfen. Dafür stehen Blumentöpfe mit folgenden Maßen zur Verfügung:

| | a) | b) | c) |
|---|---|---|---|
| **Innendurchmesser oben** | 11,0 cm | 13,0 cm | 14,0 cm |
| **Innendurchmesser unten** | 7,0 cm | 8,0 cm | 8,5 cm |
| **Höhe** | 9,5 cm | 11,5 cm | 12,5 cm |

Wie viele Schubkarrenladungen Erde sind jeweils nötig, wenn die Schubkarrenwanne 80 l fasst?

**13.** Berechnen Sie das Gewicht eines Goldbarrens, der die Größe einer Streichholzschachtel besitzt, wenn dieser 5 cm lang, 2,5 cm breit und 1 cm hoch ist und wenn 1 cm³ Gold 19 3/10 g wiegt.

**14.** Ein Würfel mit der Kantenlänge von 2 cm wird mit einem Bohrer durchbohrt. Berechnen Sie den Durchmesser des Bohrers, wenn sich nach dem Durchbohren die Masse des Würfels halbiert.

**15.** Es müssen 16 runde Baumgruben ausgehoben werden. Für 1 m³ werden 2 Stunden gebraucht. Die Lohnkosten betragen 22,20 € je Stunde Aushub. Der obere Durchmesser der Baumgrube beträgt 0,75 m, der untere 0,65 m und die Tiefe 60 cm.

a) Wie viel Kubikmeter Erde sind insgesamt auszuheben?

b) Wie viele Stunden Arbeitszeit werden benötigt?

c) Berechnen Sie die Gesamtlohnkosten.

d) Durch das Ausheben wurde das Volumen der Erde um 20% vergrößert. Welches Volumen hat die ausgegrabene Erde?

e) Berechnen Sie die Anzahl der Fahrten eines Lkw, der jeweils 5 Tonnen laden kann; die Dichte der Erde beträgt 1,5 kg/dm³.

16. Es stehen zwei Pflanzgefäße zur Verfügung: eines mit quadratischer Grundfläche (Seitenlänge = 30 cm) und ein zweites mit kreisrunder Grundfläche (Durchmesser = 30 cm). Beide Gefäße besitzen eine Höhe von 40 cm. Die Seitenflächen sind senkrecht.

a) Berechnen Sie das jeweilige Volumen in Liter.
b) Geben Sie die Differenz des Volumens beider Pflanzgefäße in Prozent an.

17. Quadratische Pflanzkästen haben die Form von Pyramidenstümpfen. Die Seitenlänge beträgt unten 20 cm, oben 32 cm und die Höhe 28 cm.

Berechnen Sie, wie viele Pflanzkästen mit einem m³ Blumenerde gefüllt werden können, wenn die Kästen zu 84 % gefüllt werden.

18. Berechnen Sie Volumen und Oberfläche der Erdmiete.

Zur Volumenberechnung wird die Miete in eine Dreiecksäule und zwei Pyramiden aufgeteilt.

$l_1 = 18$ m   $b = 4$ m
$l_2 = 13$ m   $h = 2{,}5$ m

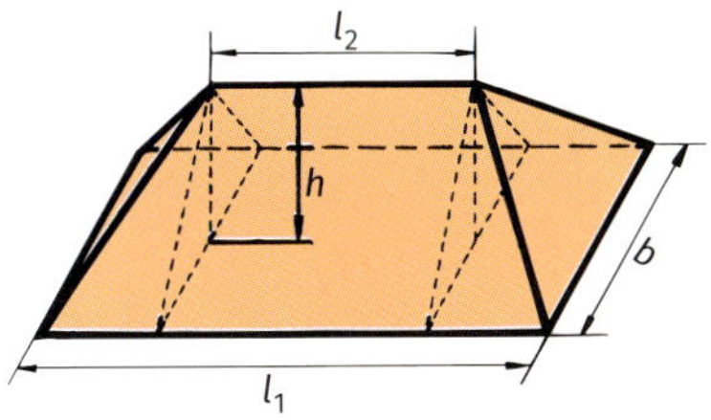


19.

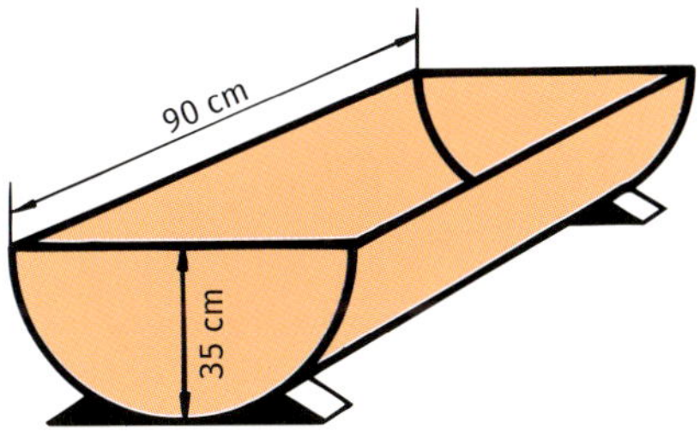


Für eine Gartenanlage wird ein Gefäß (siehe Abbildung) mit Fuchsien bepflanzt.

Das Gefäß wird zu 92 % seines Volumens mit Substrat aufgefüllt.

Berechnen Sie den Bedarf an Substrat und an Pflanzen (Pflanzabstand 17,5 cm · 18 cm).

20. Zur Bepflanzung werden 7 Spindelvasen (Hohlkegel) mit Blumenerde gefüllt.

Wie viel Kubikmeter Erde sind erforderlich, wenn der innere Durchmesser der Vase oben 50 cm beträgt und der zu füllende Kegel 40 cm tief ist?

21. Eine kugelförmige Blumenvase hat einen inneren Durchmesser von 15 cm.

Wie viel Liter Wasser fasst sie, wenn sie randvoll gefüllt ist?

22. Für eine Dekoration werden 6 Halbkugeln aus Styropor mit einem Durchmesser von je 60 cm benötigt.

Berechnen Sie das gesamte Volumen und die gesamte kugelförmige Oberfläche.

## 5.2 Erdmassenberechnungen

Im Garten- und Landschaftsbau müssen Erdmassen ab- oder aufgetragen werden. Um die Wahl der einzusetzenden Geräte und Maschinen ökonomisch treffen zu können, muss die Menge des abzutragenden bzw. aufzubringenden Bodens exakt berechnet werden.

Bei gleichmäßig geneigtem Gelände muss die mittlere Ab- oder Auftragshöhe ermittelt werden. Sie wird bei Dreiecken, Quadraten, Rechtecken und regelmäßigen Vielecken folgendermaßen berechnet:

$$\text{mittlere Höhe } (mh) = \frac{\text{Summe aller Eckpunkthöhen}}{\text{Zahl der Ecken}}$$

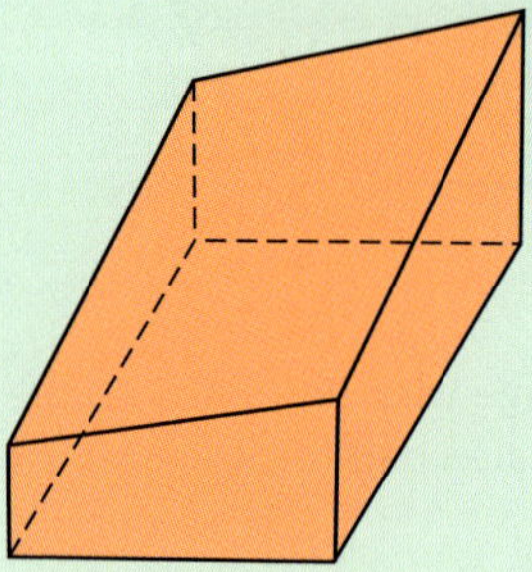

Für die Berechnung des Volumens gilt:

$$V = A \cdot mh$$

Die Höhenzahlen werden im Allgemeinen über Normalnull (NN) angegeben.

**Beispiel 1:**

Dargestellt ist ein Grundstück in der Draufsicht. An den Ecken sind die Höhenzahlen angegeben. Alle Maßangaben in m.

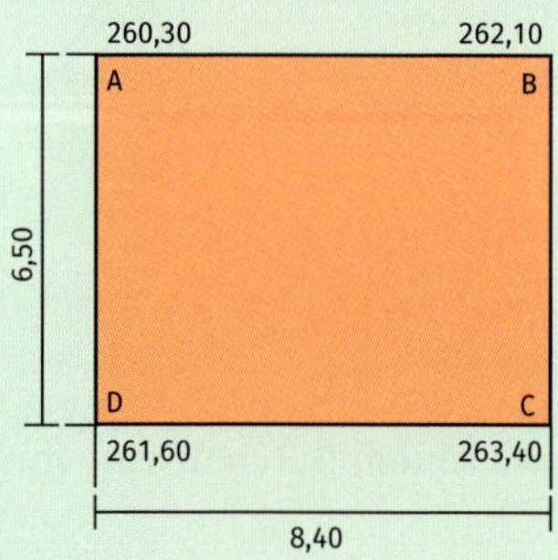


Das nebenstehende Grundstück soll auf eine Höhe von 259,50 m abgetragen werden.

Welches Erdvolumen muss abtransportiert werden?

mittlere Höhe:

| | | | |
|---|---|---|---|
| Abtragshöhe | bei | A | 260,30 m – 259,50 m = 0,80 m |
| | bei | B | 262,10 m – 259,50 m = 2,60 m |
| | bei | C | 263,40 m – 259,50 m = 3,90 m |
| | bei | D | 261,60 m – 259,50 m = 2,10 m |
| | | | 9,40 m |

9,40 m : 4 = 2,35 m

$V = l \cdot b \cdot mh$

$= 8{,}40\ m \cdot 6{,}50\ m \cdot 2{,}35\ m = \underline{\underline{128{,}31\ m^3}}$

Oftmals treten innerhalb einer Fläche Abtrag und Auftrag auf. Es ist dann zuerst die angestrebte Höhenlinie zu ermitteln.

**Beispiel 2:**

Ausgehend vom Grundstück aus Beispiel 1 soll die neue Höhe 261,80 m betragen.

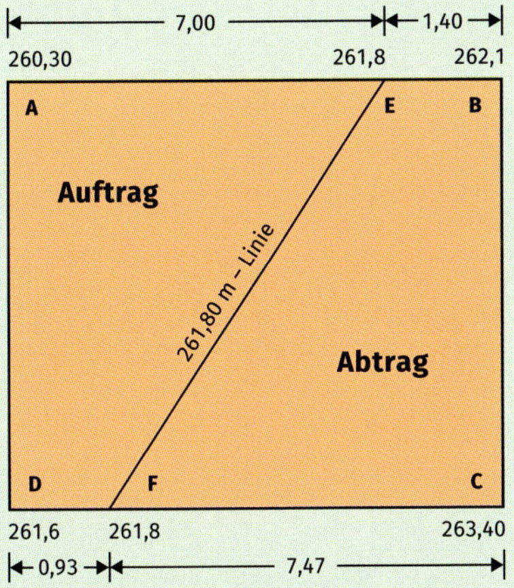


Ermittlung der Höhenlinie für 261,80 m:

Gesamter Höhenunterschied an der oberen Grenze = 262,10 m – 260,30 m = 1,80 m

Auftrag bei A = 261,80 – 260,30 m = 1,50 m

Gefälle je m = 1,80 m : 8,40 m = 0,214 m

Länge für 1,50 m Gefälle = 1,50 m : 0,214 m = 7,00 m

Gesamter Höhenunterschied an der unteren Grenze = 263,40 – 261,60 m = 1,80 m
Auftrag bei D = 261,80 m – 261,60 m = 0,20 m
Gefälle je m = 1,80 : 8,40 m = 0,214 m
Länge für 0,20 m Gefälle = 0,20 m : 0,214 m = 0,93 m

Das Grundstück wurde in zwei Trapezflächen geteilt.
Der Punkt E ist 7,00 m rechts vom Punkt A und der Punkt F 0,93 m rechts vom Punkt D.

Diese zwei Trapezflächen sind jeweils in ein Dreieck und ein Rechteck aufzuteilen. Dazu ist es erforderlich, für die Höhenpunkte G und H die Auftrags- bzw. Abtragshöhen zu ermitteln:

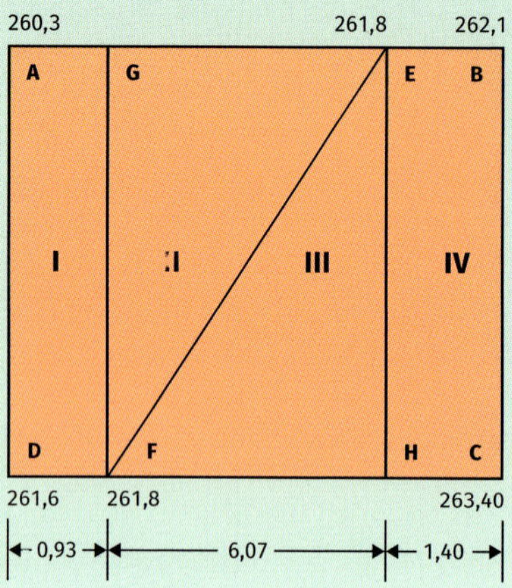


Auftragshöhe bei G und Abtragshöhe bei H:

1,80 m : 8,40 m · 6,07 m = 1,30 m

Volumen Auftrag

I $V = 6{,}5\ \text{m} \cdot 0{,}93\ \text{m} \cdot \dfrac{1{,}50\ \text{m} + 1{,}30\ \text{m} + 0{,}00\ \text{m} + 0{,}20\ \text{m}}{4} = 4{,}534\ \text{m}^3$

II $V = \dfrac{6{,}07\ \text{m} \cdot 6{,}50\ \text{m}}{2} \cdot \dfrac{1{,}30\ \text{m} + 0{,}00\ \text{m} + 0{,}00\ \text{m}}{3} = 8{,}549\ \text{m}^3$

$13{,}083\ \text{m}^3$

Volumen Abtrag

III $V = \dfrac{6{,}07\ \text{m} \cdot 6{,}50\ \text{m}}{2} \cdot \dfrac{0{,}00\ \text{m} + 1{,}30\ \text{m} + 0{,}00\ \text{m}}{3} = 8{,}549\ \text{m}^3$

IV $V = 6{,}50\ \text{m} \cdot 1{,}40\ \text{m} \cdot \dfrac{0{,}00\ \text{m} + 0{,}30\ \text{m} + 1{,}60\ \text{m} + 1{,}30\ \text{m}}{4} = 7{,}280\ \text{m}^3$

$15{,}829\ \text{m}^3$

## Aufgaben:

1.

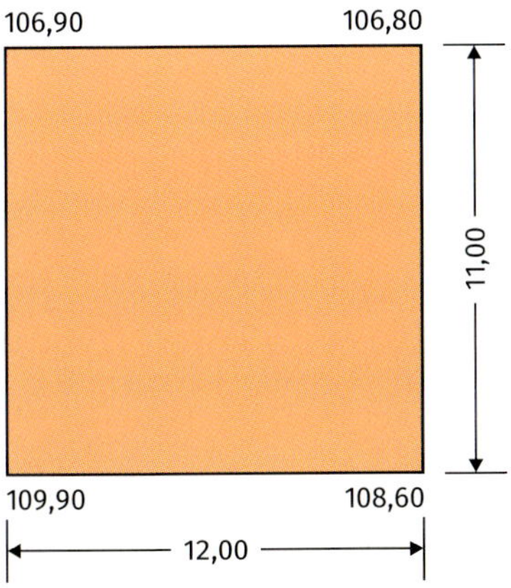


Berechnen Sie für das nebenstehend dargestellte Grundstück

**a)** den Erdmassenabtrag, wenn die neue Höhe 106,00 m beträgt;

**b)** den Erdmassenauftrag für eine neue Höhe von 110 m;

**c)** den Erdmassenabtrag und -auftrag für 107,50 m als neue Höhe.

2.

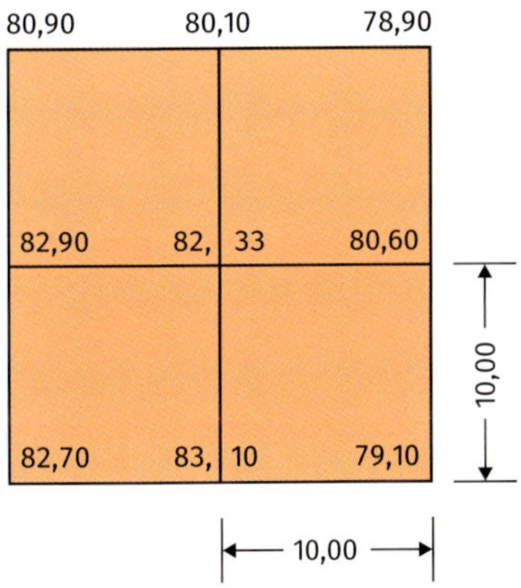


a) Berechnen Sie für die komplette Fläche den Abtrag, wenn die neue Höhe 74,50 m beträgt.

b) Wie viel Material muss für eine neue Höhe von 83,60 m aufgetragen werden?

3.

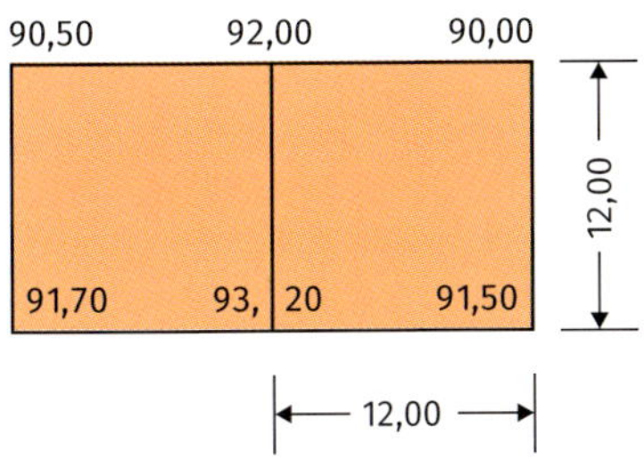


Berechnen Sie den Auftrag bzw. Abtrag für folgende neue Höhen: 93,00 m, 89,00 m, 92,00 m.

# 6 Masse und Dichte

Unter Masse eines Körpers versteht man die Menge eines Stoffes oder Körpers. Die Dichte eines Körpers ist das Verhältnis seiner Masse zu seinem Volumen.

Die Einheit der Masse ist das Kilogramm.

1 Kilogramm (kg) = 1 000 Gramm (g)
1 g = 1 000 Milligramm (mg)

1 Tonne (t) = 10 Dezitonnen (dt) = 1 000 kg
1 dt = 100 kg

1 Kilotonne (kt) = 1 000 t
1 Megatonne (Mt) = 1 000 kt = 1 000 000 t

Die Dichte eines Stoffes wird nach folgender Formel berechnet:

$$\text{Dichte} = \frac{\text{Masse}}{\text{Volumen}}$$

$$\varrho = \frac{m}{V}$$

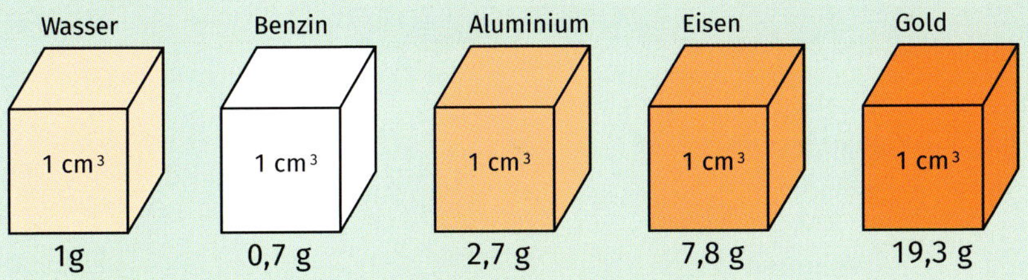


(z. B.: 1 g/1 cm³ bedeutet, dass 1 g Wasser ein Volumen von 1 cm³ hat)

Da sich das Volumen eines Körpers bei Erwärmung vergrößert und bei Abkühlung verkleinert, ist der Dichtewert eines Stoffes von seiner Temperatur abhängig.

Bei lockeren, festen Stoffen, z. B. bei Saatgut und bei gekörntem Handelsdünger, bezeichnet man die Dichte einschließlich der Zwischenräume als Schüttdichte.

## Dichte in kg/dm³ bei 0 °C

| **Feste Stoffe** | |
|---|---|
| Gold | 19,30 |
| Silber | 10,50 |
| Blei | 11,30 |
| Kupfer | 8,90 |
| Eisen | 7,80 |
| Glas | 3,00 |
| Porzellan | 2,30 |
| Eichenholz | 0,80 |
| Buchenholz | 0,75 |
| Fichtenholz | 0,55 |
| Kork | 0,25 |
| Beton | 2,00 |
| Styropor | 0,03–0,04 |
| Kunststoff | 1,50 |
| Eis | 0,90 |
| Stein | 2,70 |
| Stallmist | 0,85 |
| Kompost | 0,95 |
| Erde (verdichtet) | 1,70 |
| Torfmull (gepresst) | 0,30–0,50 |
| Kartoffeln | 0,70 |
| NPK-Dünger | 1,05 |
| Kalkammonsalpeter | 0,95 |
| Kalkstickstoff | 1,50 |
| Harnstoff | 0,75 |
| Kali | 1,05 |

| **Flüssige Stoffe** | |
|---|---|
| Wasser | 1,00 |
| Meerwasser | 1,03 |
| Alkohol | 0,79 |
| Benzin | 0,70 |
| Heizöl | 0,83–0,90 |
| Motorenöl | 0,95 |

| **Gasförmige Stoffe** | |
|---|---|
| Luft | 0,00129 |
| Stickstoff | 0,00125 |
| Sauerstoff | 0,00143 |

**Beispiel:**

50 kg Kalkammonsalpeter haben ein Volumen von 53 dm³.
Welche Dichte hat der Kalkammonsalpeter?

Formel: $\text{Dichte} = \frac{\text{Masse}}{\text{Volumen}}$

Rechnung: $\text{Dichte} = \frac{50\ \text{kg}}{53\ \text{dm}^3} = 0{,}943\ \frac{\text{kg}}{\text{dm}^3}$

## Aufgaben:

1. Stellen Sie die Formel zur Dichteberechnung nach Masse und Volumen um.

2. Geben Sie das Ergebnis in dt an.

   **a)** 0,05 t + 450 kg + 3 Millionen g + 17,55 kg + 0,0037 kt =
   **b)** 0,9 Millionen g + 1,7 kg + 0,002 t + 17 000 g + 1,85 t =

3. Berechnen Sie und geben Sie das Ergebnis in kg an.

   **a)** 3 t + 0,017 kt + 25 dt + 13 000 g + 0,083 dt =
   **b)** 75 dt + 1 375 g + 0,215 t + 28,7 dt + 37 590 g =

4. Berechnen Sie in t.

   **a)** 3,5 dt + 170 kg + 0,250 kt + 300 000 g + 0,00035 Mt =
   **b)** 19 kg + 2,5 dt + 2 000 g + 0,52 kt + 750 kg =

5. Berechnen Sie in g.

   **a)** 25,3 kg + 38 750 mg + 0,025 t + 0,000258 t + 135 mg =
   **b)** 1,9 kg + 0,25 dt + 0,0054 t + 98 700 mg + 3,27 dt =

6. Berechnen Sie.

   a) $1 \frac{kg}{dm^3}$ in $\frac{t}{m^3}$ und $\frac{kg}{cm^3}$

   b) $0{,}00129 \frac{kg}{dm^3}$ in $\frac{g}{dm^3}$ und $\frac{kg}{m^3}$

   c) $0{,}70 \frac{kg}{dm^3}$ in $\frac{kg}{m^3}$ und $\frac{g}{dm^3}$

7. Kalidünger hat eine Dichte von 1,05 kg/dm³.

   a) Welches Volumen hat ein Sack mit 50 kg Kalidünger?
   b) Welche Masse haben 250 dm³ Kalidünger?

8. Ein rechteckig gestapelter Komposthaufen ist 4,5 m lang, 3,20 m breit und 1,90 m hoch. Die Dichte beträgt 0,85 t/m³.

   Wie viel Dezitonnen Kompost enthält der Haufen?

9. Ein Balken aus trockenem Fichtenholz hat einen Querschnitt von 20 cm · 15 cm und ist 7,50 m lang. Er hat eine Masse von 1,35 dt.

   Welche Dichte hat der Balken?

10. Ein Torfsackballen mit der Masse 50 kg ist 38 cm breit, 48 cm hoch und 94 cm lang.

    a) Welche Dichte hat der gepresste Torf?

    b) Der Inhalt hat nach der Auflockerung ein Volumen von 400 l. In welchem Verhältnis wurde der Torf für die Verpackung verdichtet?

11. a) Welches Volumen haben 100 kg gepresster Torf bei 0,35 kg/dm³?

    b) Berechnen Sie die Masse von 0,8 m³ gepresstem Torf.

# 7 Verhältnisrechnungen

## 7.1 Direktes und indirektes Verhältnis

Zur Lösung einer Aufgabe mittels Dreisatz empfiehlt sich folgende Vorgehensweise:

1. Isolation der Kernaussage einer Aufgabe
2. Ermittlung des grundlegenden Zusammenhangs zwischen diesen Größen (durch einfache Division der Größe)
3. Multiplikation der ermittelten Einheit mit der gesuchten Größe

**Schluss- oder Dreisatzrechnungen** umfassen drei Rechenschritte:

1. Behauptungssatz (Ansatz der gegebenen Rechensituation),
2. Zwischensatz (Schluss vom Bekannten auf die Einheit) und
3. Lösungssatz (Antwort auf die Rechenfrage).

**Direktes Verhältnis**

Eine Erhöhung des einen Faktors führt zu einer gleichzeitigen Erhöhung des anderen Faktors.

**Beispiel:**

850 Stück einer Ware kosten 2 159,00 €.

Wie viel kosten 275 Stück?

1. Satz
850 Stück ≙ 2 159,00 €

2. Satz
1 Stück $\triangleq \frac{2\,159{,}00\ €}{850}$

3. Satz
275 Stück $\triangleq \frac{2\,159{,}00\ € \cdot 275}{850}$

$= \underline{\underline{698{,}50\ €}}$

Je kleiner die Stückzahl, umso kleiner die Kosten.

**Beispiele:**

Arbeitszeit → Verdienst
Warenmenge → Kosten
\+ → +
− → −

**Indirektes Verhältnis**

Eine Erhöhung des einen Faktors führt zu einer Verkleinerung des anderen Faktors.

**Beispiel:**

Ein Betrieb beschäftigt 5 Arbeitskräfte, um einen Auftrag in 7 Stunden zu erledigen.

Wie viele Stunden würden 3 Arbeitskräfte für den gleichen Auftrag benötigen?

1. Satz
5 Arbeitskräfte ≙ 7 Stunden

2. Satz
1 Arbeitskraft ≙ 7 Stunden · 5

3. Satz
3 Arbeitskräfte $\triangleq \frac{7\ \text{Stunden} \cdot 5}{3}$

$= 11{,}67\ h$

$= \underline{\underline{11\ h\ 40\ min}}$

Je weniger Arbeitskräfte, umso mehr Zeit ist nötig.

**Beispiele:**

Arbeitszeit → Zeitaufwand
Warenmenge → Anteil je Person
\+ → −
− → +

## Aufgaben:

1. Ermitteln Sie, in welchem Verhältnis Uhrzeit und Temperatur zueinander stehen.

   Erläutern Sie Ihre Vorgehensweise.

| Uhrzeit | Temp. in °C |
|---|---|
| 00:00 | 6 |
| 04:00 | 10 |
| 08:00 | 14 |
| 12:00 | 18 |
| 16:00 | 14 |
| 20:00 | 10 |
| 24:00 | 9 |

2. 28 Rosenstöcke kosten 165,20 €.

   Berechnen Sie die Kosten für 36 Rosenstöcke.

3. Ein Gartenbaubetrieb liefert für eine Gartenbauausstellung 34 Orchideen zu einem Pauschalpreis von 476,00 €.

   Welchen Preis müsste er für 26 Orchideen verlangen?

4. Für das Ausbaggern eines neuen Kanals von 7 600 m Länge hat ein Gartenbaubetrieb 184 Tage eingeplant. Aufgrund einer Projektänderung verlängert sich der Kanal um 850 m.

   Berechnen Sie die Anzahl der zusätzlichen Arbeitstage, die aus der Projektänderung resultiert.

5. Ein Gartenbesitzer kauft 40 Rosenstöcke zum Preis von 5,58 € je Stück. Am darauffolgenden Tag tauscht er diese gegen eine andere Sorte zum Preis von 6,20 € je Stück.

   Wie viele Rosenstöcke bekommt er für den gleichen Rechnungsbetrag?

6. Der Heizölvorrat einer Gärtnerei reicht bei einem Tagesverbrauch von 60 Liter für 40 Tage.

   Berechnen Sie, wie lange der Vorrat bei einem Tagesverbrauch von 48 Liter reicht.

7. Felix und Alexandria schätzen die Länge eines Spielplatzes. Felix schreitet die Strecke ab und zählt 92 Schritte. Seine Schrittlänge beträgt ca. 70 cm. Da Alexandria kleiner ist, beträgt ihre Schrittlänge ca. 60 cm.

   a) Berechnen Sie die Länge des Spielplatzes.
   b) Berechnen Sie die Anzahl der Schritte, die Alexandria benötigt.

## 7.2 Zusammengesetzer Dreisatz

Ein zusammengesetzter Dreisatz beinhaltet drei oder mehr Dreisatzaufgaben in einem. Das Lösen der Aufgabe erfordert dadurch mindestens zwei Rechnungen, in denen jeweils eine Größe konstant bleibt. Bei beiden muss ermittelt werden, ob es sich um direkte oder indirekte Verhältnisse handelt.

**Beispiel:**

3 Gärtner stellen an zwei Tagen Waren im Wert von 2 940,00 € her. Wie groß ist der Wert der Waren, den 4 Gärtner in 5 Tagen herstellen?

3 Gärtner stellen an 2 Tagen Waren für 2 940,00 € her

1 Gärtner stellt an 1 Tag Waren für $\frac{2\,940{,}00\text{ €}}{3 \cdot 2}$ her

4 Gärtner stellen an 5 Tagen Waren für $\frac{2\,940{,}00\text{ €} \cdot 4 \cdot 5}{3 \cdot 2}$ her

$= \underline{\underline{9\,800{,}00\text{ €}}}$

### Aufgaben:

1. Drei Gärtner pikieren in 2,5 Stunden 7 500 Sämlinge.

   Wie viele Stunden brauchen 5 Gärtner für 12 000 Sämlinge?

2. Aufgrund eines dringlichen Großauftrages arbeiten täglich fünf Gärtner des GALAbaus acht Stunden in vier Tagen.

   Wie lange muss täglich gearbeitet werden, wenn 6 Gärtner zur Verfügung stehen, die Arbeit aber in 2 ½ Tagen erledigt sein muss?

3. Die Bepflanzung einer Ausstellungshalle soll in 5 Tagen von 6 Gärtner bei achtstündiger Arbeitszeit durchgeführt werden. Nach zwei Tagen fallen zwei Arbeitskräfte wegen Krankheit aus. Es wird deswegen neunstündige Arbeitszeit angesetzt.

   In wie vielen Tagen ist die Bepflanzung fertiggestellt?

4. In 3 Monaten verzehren 5 Personen 86,25 kg Gemüse.

   Welche Mengen an Gemüse verzehren dann 4 Personen in 7 Monaten bzw. 6 Personen in 8 Monaten?

5. Drei Aushilfen können in 5 Stunden 2000 Prospekte verteilen. Berechnen Sie, wie viele Stunden 4 Aushilfen benötigen, um 4000 Prospekte zu verteilen.

6. Die fünf Gärtner eines Betriebes sind in der gleichen Lohngruppe und erhalten bei täglich 8 Stunden Arbeitszeit zusammen im Monat einen Bruttolohn von 8448,00 €.

   Welche monatlichen Lohnkosten hat der Betrieb, wenn 6 Gärtner in der gleichen Lohngruppe täglich 7,75 Stunden arbeiten?

7. Die Auslagefläche eines Verkaufsladens des Gartenbaubetriebes ist 3,20 m lang und 1,50 m breit. Sie wird mit Dekorationsstoff ausgelegt. Der Preis beträgt je $m^2$ 8,50 €.

   Der Dekorationsstoff für ein 5,00 m langes und 1,60 m breites Schaufenster verursacht die gleichen Kosten.

   Wie hoch ist der Preis je $m^2$ Stoff?

8. Eine Familie mit drei Personen benötigt 25 kg Kartoffeln für 50 Tage.

   a) Berechnen Sie, wie viel Kilogramm Kartoffeln die Familie für 9 Monate bestellen muss, wenn vier Personen zur Familie gehören.

   b) Berechnen Sie die Anzahl der Tage, wenn zur Familie vier Personen gehören und sie 40 kg Kartoffeln zur Verfügung haben.

9. In einem Gartenbaubetrieb sind 4 Angestellte 3 Tage lang täglich 5 Stunden mit Inventurarbeiten beschäftigt.

   Wie lange müssen 2 Angestellte täglich arbeiten, wenn die gleiche Arbeit in 4 Tagen erledigt sein muss?

10. 3 Auszubildende der Fachrichtung Friedhofsgärtnerei stellen in 1 ½ Stunden 4 Grabgestecke her.

    a) Berechnen Sie die Arbeitszeit pro Gesteck in Minuten.
    b) Berechnen Sie die Arbeitszeit mit 5 Arbeitskräften für 6 Gestecke.

11. Zum Harken des Laubs auf der Parkfläche eines Krankenhauses benötigen drei Junggärtner fünf Tage mit einer täglichen Arbeitszeit von 8 Stunden. Aufgrund einer Neueinstellung stehen dem Unternehmer nun vier Junggärtner zur Verfügung.

    Berechnen Sie, wie viele Stunden des bisherigen 8-stündigen Arbeitstages nun für andere Arbeiten zur Verfügung stehen, wenn der Park erst in 6 Tagen von den vier Junggärtnern fertig geharkt sein soll.

12. Für einen Gehweg sind 380 Platten einer Größe von 35 × 35 cm notwendig. Der Kunde möchte aber eine andere Platte mit der Größe 50 × 50 cm verwenden.

    Berechnen Sie dafür die Anzahl der größeren Platten.

# 8 Verteilungs- und Mischungsrechnen

## 8.1 Verteilungsrechnen

In fast jedem Lebens- oder Berufsbereich gibt es Situationen, in denen z. B. Gegenstände oder Werte verteilt oder gemischt werden müssen. Dabei muss beachtet werden, dass es nicht immer sinnvoll und/oder gerecht ist, eine gleichmäßige Aufteilung vorzunehmen.

Bestimmte Güter bzw. Geldbeträge sollen an verschiedene Empfänger aufgeteilt werden. Dabei können die Anteile

- in absoluten Zahlen, z. B. A bekommt 380 Stück,
- in Brüchen z. B. Huber bekommt $\frac{1}{4}$,
- in Prozent, z. B. Müller bekommt 28 %
- und in Verhältniszahlen, z. B. verteilen Sie im Verhältnis 1 : 1,2 : 1,7, angegeben werden.

**Beispiel:**

A arbeitet in einer Woche 40 Stunden, B 43 Stunden und C 22 Stunden. Insgesamt bekommen sie dafür 1 134,00 € Bruttolohn.

a) Wie hoch ist der Lohn eines jeden Arbeiters, wenn jeder den gleichen Stundenlohn bekommt?

40 h + 43 h + 22 h = 105 h

| | |
|---|---|
| 105 h ≙ 1 134,00 € | 40 h ≙ 432,00 € |
| 1 h ≙ 10,80 € | 43 h ≙ 464,40 € |
| | 22 h ≙ 237,60 € |

b) Wie viel Prozent der gesamten Lohnsumme bekommen die einzelnen Personen?

1 134,00 € ≙ 100 %
11,34 € ≙ 1 %
432,00 € ≙ 432,00 € : 11,34 € = 38,1 %
464,40 € ≙ 464,40 € : 11,34 € = 41,0 %
237,60 € ≙ 237,60 € : 11,34 € = 20,9 %

## Aufgaben:

1. Drei Gärtner beziehen zusammen eine Waggonladung mit 1 200 Torfmullballen.
A bekommt 380 Ballen, B 340 Ballen und C erhält den Rest.

   Wie viel muss jeder Gärtner bezahlen, wenn ein Ballen 8,30 € kostet und für die gesamte Fracht 870,00 € berechnet werden?

2. Drei Gartenbaubetriebe teilen sich die Dekoration einer Ausstellung, wobei Geschäft Huber $\frac{1}{4}$ der nötigen Arbeitszeit aufwendet, Müller $\frac{2}{5}$ und Meier den Rest.

   Der Gesamtmietpreis von 6 400,00 € wird entsprechend der genannten Verteilung berechnet.

   Ermitteln Sie den jeweiligen Anteil an den Mietkosten der drei Gartenbaubetriebe.

3. Eine Waggonladung mit 250 dt Heideerde wird unter drei Gärtnern aufgeteilt.
A bekommt $\frac{1}{5}$, B $\frac{3}{10}$ und C den Rest.

   a) Wie viel Dezitonnen Heideerde erhält jeder Gärtner?

   b) Wie hoch sind für jeden der beteiligten Gärtner die Kosten, wenn 1 dt Heideerde mit 6,70 € und die Frachtkosten mit insgesamt 290,00 € berechnet werden?

4. Vier Gärtnereibetriebe beziehen gemeinsam eine Pflanzensendung. Die Frachtkosten betragen 1 728,00 €.

   Sie werden folgendermaßen aufgeteilt: A $\frac{1}{3}$, B $\frac{1}{4}$, C $\frac{1}{5}$ und D bezahlt den Rest.

   Berechnen Sie die angefallenen Frachtanteile für jeden Betrieb in Euro und in Prozent.

5. In einer Gärtnerei wurde an einem Tag $\frac{1}{4}$ des Umsatzes durch den Verkauf von Sträußen, $\frac{1}{6}$ durch Dekorationsware, $\frac{2}{7}$ durch Blumenerde und der Rest durch Keramik erzielt. Der Umsatz bei Keramik betrug 375,00 €.

   Berechnen Sie, welche Einnahmen an diesem Tag erzielt worden sind.

6. Drei Freunde spielen Lotto. Tom setzte 5,00 € ein, Paul 20,00 € und Laura investierte 27,00 €.

   Sie gewannen 5 377,00 €. Der Gewinn wird entsprechend dem Einsatz verteilt.

   Berechnen Sie, wie viel jeder vom Gewinn erhält.

7. Drei Gartenbaubetriebe möchten ihre Werbemaßnahmen gemeinsam durchführen. Dabei investiert Betrieb A $\frac{1}{3}$; Betrieb B $\frac{4}{9}$ und Betrieb C den Rest von 6 300,00 €. Berechnen Sie die Gesamtsumme der Werbekampagne.

## 8.2 Mischungsrechnen

Beim Mischungsrechnen werden mehrere verschiedene Teile zu einem neuen Ganzen zusammengefügt.

Mischungsverhältnisse werden meist in Prozentzahlen oder in Verhältniszahlen, z. B. 1 : 1,5 : 1,7, angegeben.

**Beispiel:**

Es wird eine Rasenmischung aus 35 % Rotschwingel, 30 % englischem Raygras, 20 % Wiesenrispe und 15 % Bentgras hergestellt. 80 kg Rotschwingel stehen zur Verfügung.

a) Wie viel Kilogramm müssen von den übrigen Samenarten bereitgestellt werden?

b) Berechnen Sie das Mischungsverhältnis und setzen Sie für den Rotschwingel die Zahl 1 ein.

a) 35 % Rotschwingel ≙ 80 kg
   1 % ≙ 80 kg : 35 ≙ 2,286 kg
   30 % englisches Raygras ≙ 68,58 kg
   20 % Wiesenrispe ≙ 45,72 kg
   1 5% Bentgras ≙ 34,29 kg

b) Mischungsverhältnis: 35 : 30 : 20 : 15

   Wir setzen für den Rotschwingel die Zahl 1 ein und dividieren die Verhältniszahlen durch 35.

   1 : 0,86 : 0,57 : 0,43

### Aufgaben:

1. Für eine Einheitserde werden 30 Vol.-% Ton, 25 Vol.-% Sand und 45 Vol.-% Torf gemischt. Es stehen 1,5 $m^3$ Ton zur Verfügung.

   Wie viel Sand und Torf werden für die Mischung benötigt?

   Setzen Sie für Ton die Zahl 1 ein und berechnen Sie das Mischungsverhältnis.

2. Eine Aufzuchterde wird aus 40 % betriebseigener Erde, 25 % Torf, 20 % Hygromull und 15 % Styromull hergestellt.

   Berechnen Sie die Zuschlagstoffe für 0,5 $m^3$ betriebseigener Erde und ermitteln Sie auch das Mischungsverhältnis (betriebseigene Erde ≙ 1).

3. Berechnen Sie die Menge an Wasser und die Menge an Konzentrat in einer 4 400 ml Lösung zu 6 %.

4. Für Reinigungsarbeiten benötigen Sie eine 70%ige Alkohollösung. Sie können im Großhandel 2 500 ml 96%igen Alkohol kaufen.

   Berechnen Sie die Menge an Wasser, die Sie zugeben müssen, um die Alkohollösung zur Reinigung zu erhalten.

5. In einer 200 m langen Frühbeetanlage mit Normalfenstern (1,50 m × 1,00 m) soll die Erde 20 cm tief mit 40 % Komposterde, 35 % Misterde und 25 % Sand erneuert werden.

   a) Wie viel Kubikmeter sind von jedem Mischungsbestandteil erforderlich?
   b) Wie viele Schubkarrenladungen zu je 80 l ergibt die Mischung?

6. 80 Pikierkisten sollen mit Vermehrungssubstrat gefüllt werden. Maße der Kisten 60 cm × 40 cm × 6 cm.

   Wie viel Liter Torf und Sand sind erforderlich, wenn zwei Teile Torf und ein Teil Sand gemischt werden?

7. Eine Rasenmischung wird hergestellt aus 25 % Rotschwingel, 40 % englischem Raygras, 15 % Wiesenrispe, 12 % Bentgras und 8 % Feinschwingel.

   a) Berechnen Sie das Mischungsverhältnis (Rotschwingel ≙ 1).

   b) 150 kg englisches Raygras sind vorhanden. Welche Mengen müssen von den übrigen Sämereien besorgt werden?

   c) 22 kg Mischung werden benötigt. Berechnen Sie die Mengen der einzelnen Mischungsbestandteile.

8. Kalkammonsalpeter, Superphosphat und 40er Kali werden im Verhältnis 1 : 1,4 : 1,7 gemischt. Es sollen 3 dt Mischdünger hergestellt werden.

   Berechnen Sie die Düngermengen, die bereitgestellt werden müssen.

9. Aus 15 ml Pflanzenschutzkonzentrat soll eine Pflanzenschutzlösung von 0,065 % hergestellt werden.

   a) Für wie viel Liter Pflanzenschutzlösung reicht das Konzentrat?
   b) Berechnen Sie auch das Mischungsverhältnis (Konzentrat ≙ 1).

## 8.3 Berechnungen mit dem Mischungskreuz

Mischungsanteile lassen sich auch mit dem Mischungskreuz berechnen. Dabei schreibt man die bekannten Angaben zunächst so an, wie es die Übersicht zeigt:

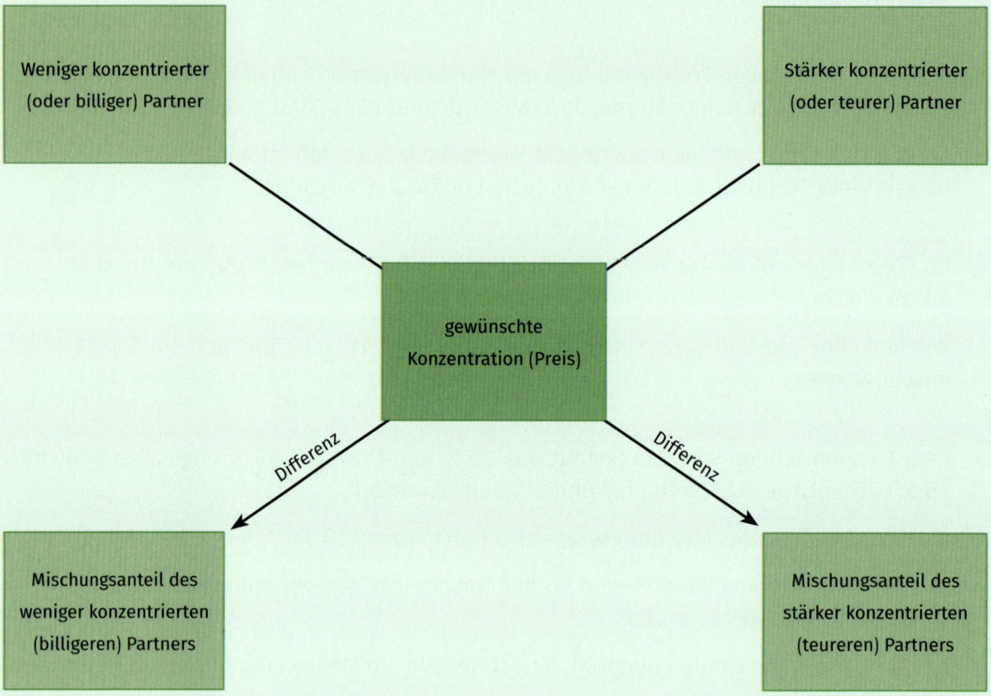


Die jeweilige Differenz aus der bekannten Größe und der gewünschten Größe ergibt das Mischungsverhältnis.
Wird eine konzentrierte Lösung mit Wasser gemischt, ist links oben „0 %“ einzusetzen.

**Beispiel:**

Es werden 40 l einer Düngerlösung mit einer Konzentration von 0,45 % benötigt. Zur Mischung stehen zwei Lösungen, davon eine mit 0,15 % und eine mit 5 %, zur Verfügung.

Welche Mengen müssen gemischt werden?

gegebene Größen

gewünschte Konzentration

Mischungsverhältnis

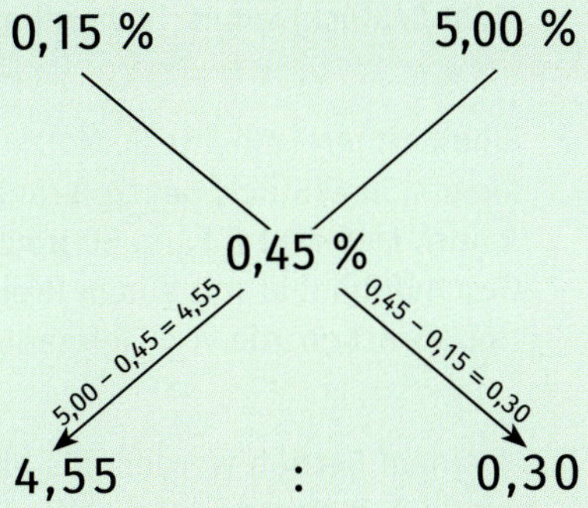


4,55 + 0,30 = 4,85

4,85 Mischungsbestandteile ≙ 40 l
1,00 Mischungsbestandteil ≙ 40 l : 4,85 = 8,247
4,55 Mischungsbestandteile ≙ 8,247 l · 4,55 = 37,526 l
0,30 Mischungsbestandteile ≙ 8,247 l · 0,3 = 2,474 l } 40,000 l

Es müssen also 37,526 l Lösung mit 0,15 % und 2,474 l Lösung mit 5 % gemischt werden.

Probe: 0,45 % von 40 l = 0,18 l
0,15 % von 37,526 l = 0,0563 l
5,00 % von 2,474 l = 0,1237 l } 0,1800 l

## Aufgaben:

1. 4,8 l einer 3%igen Düngerlösung sollen durch Wasserzusatz auf eine Konzentration von 5 ‰ verdünnt werden.

   a) Berechnen Sie das Mischungsverhältnis.
   b) Wie viel Wasser ist zuzusetzen?

2. Zur Desinfektion sollen 2,5 l eines 25 %igen Präparates auf 8 % verdünnt werden.

   Berechnen Sie das Mischungsverhältnis und wie viel Wasser zugegeben werden muss.

3. Saatgut zum Preis von 4,20 €/kg wird mit Saatgut zum Preis von 7,35 €/kg gemischt. Die Mischung soll 6,00 €/kg kosten.

   Welche Mengen von beiden Komponenten werden für 1 dt Mischung benötigt?

4. Berechnen Sie die Anzahl Rosen der Sorte A (2,10 €/Stück), die mit Rosen der Sorte B (1,20 €/Stück) gemischt werden sollen, um einen Mischungspreis von 2,00 € zu erzielen.

5. Eine Gärtnerei möchte 60 Holzkörbchen für eine Osterbepflanzung kaufen. Lieferant A verlangt 4,50 €/Stück, bei Lieferant B kostet ein Holzkörbchen 5,00 €/Stück. Weder Lieferant A noch Lieferant B kann 60 Holzkörbchen liefern. Für die Verkaufskalkulation rechnet der Geschäftinhaber mit einem Preis von 5,00 €/Holzkörbchen. Berechnen Sie die Anzahl der Holzkörbchen, die von Lieferant A und B gekauft werden müssen.

6. In einem Betrieb werden aus einem Substrat mit 55 % Torfanteil und einer Betriebserde mit 28 % Torfanteil 1,3 $m^3$ Mischung mit 34 % Torfanteil hergestellt.

   Berechnen Sie für beide Komponenten das Volumen.

7. In einem Gartencenter sind noch 35 kg eines Samens zu 85,00 €/kg vorhanden. Dieser Samen soll mit einem anderen Posten zu 119,00 €/kg so gemischt werden, dass die Materialkosten für einen 10 g-Beutel 1,05 € betragen.

   In welchem Verhältnis ist zu mischen und wie viel Samen ist von dem zweiten Posten erforderlich?

8. Aus folgenden drei Sämereien wird eine Mischung hergestellt:
   A 35,25 €/kg, B 22,50 €/kg, C 19,30 €/kg.
   Die Sämereien A und B werden im Verhältnis 2 : 3 gemischt. Zu dieser Mischung wird so viel Saatgut C gemischt, dass der Mischungspreis 25,00 €/kg beträgt.

   Berechnen Sie, wie viel Kilogramm von den einzelnen Komponenten erforderlich sind, wenn 1 dt Mischung benötigt wird.

9. Es werden zwei Posten Dieffenbachia in gleicher Qualität mit insgesamt 36 Stück zu unterschiedlichen Preisen eingekauft.
   Posten A 4,75 €/Stück; Posten B 6,25 €/Stück.
   Der mittlere Einkaufspreis beträgt 5,00 €/Stück.

   a) Ermitteln Sie das Mischungsverhältnis von Posten A : Posten B.
   b) Wie viele Pflanzen werden von jedem Posten gekauft?

# 9 Durchschnittsrechnen

## 9.1 Einfaches und gewogenes arithmetisches Mittel

Es gibt im Lebens- und Berufsalltag viele Situationen, in denen ein gewogenes arithmetrisches Mittel ausgerechnet wird. Umgangssprachlich wird dieses als Durchschnitt bezeichnet.

Der Durchschnitt gibt den Mittelwert einer bestimmten Anzahl von Messgrößen an.

Das einfache arithmetische Mittel (= Durchschnitt) wird folgendermaßen berechnet:

$$\text{Durchschnitt} = \frac{\text{Summe der Werte}}{\text{Anzahl der Werte}}$$

**Beispiel 1:**

Die Temperatur beträgt an einem Tag um 6.00 Uhr 13 °C, um 14.00 Uhr 25 °C und um 22.00 Uhr 15 °C.

Wie hoch ist die Durchschnittstemperatur?

Summe der Werte: 13 °C + 25 °C + 15 °C = 53 °C

$$\text{Durchschnitt} = \frac{53\,°\text{C}}{3} = \underline{\underline{17{,}67\,°\text{C}}}$$

Das gewogene arithmetische Mittel berücksichtigt eine unterschiedliche Anzahl von Einzelwerten. Dadurch erfolgt eine exakte Gewichtung der einzelnen Messwerte.

**Beispiel 2:**

Zur Herstellung einer Rasenmischung wird Grassamen gekauft, und zwar:

| | | | |
|---|---|---|---|
| Sorte A | 20 kg – 3,20 €/kg | Sorte B | 30 kg – 3,40 €/kg |
| Sorte C | 60 kg – 2,80 €/kg | Sorte D | 40 kg – 2,20 €/kg |

Wie hoch ist der durchschnittliche Selbstkostenpreis für 1 kg der Mischung?

A 20 kg · 3,20 €/kg = 64,00 €
B 30 kg · 3,40 €/kg = 102,00 €
C 60 kg · 2,80 €/kg = 168,00 €
D 40 kg · 2,20 €/kg = 88,00 €

150 kg kosten 422,00 €
1 kg kostet 422,00 € : 150 = 2,81 €

## Aufgaben:

1. Berechnen Sie die Tagesdurchschnittstemperaturen.

   Die Temperaturen wurden jeweils um 6.00 Uhr, um 14.00 Uhr und um 22.00 Uhr abgelesen.

| Tag | 6.00 h | 14.00 h | 22.00 h |
|---|---|---|---|
| 1.7. | 12 °C | 22 °C | 16 °C |
| 2.7 | 14 °C | 26 °C | 17 °C |
| 3.7. | 15 °C | 29 °C | 19 °C |
| 4.7. | 19 °C | 31 °C | 22 °C |

2. Monatliche Durchschnittstemperatur in °C

| | München | Würzburg | Freiburg | Bremen | Münster |
|---|---|---|---|---|---|
| Jan. | –2,4 | –0,6 | 1,1 | 0,6 | 1,2 |
| Febr. | –1,2 | 0,5 | 2,1 | 0,9 | 1,6 |
| März | 3,0 | 4,7 | 6,3 | 4,0 | 4,8 |
| April | 7,6 | 9,3 | 10,3 | 8,2 | 8,6 |
| Mai | 12,2 | 13,5 | 14,5 | 12,8 | 12,8 |
| Juni | 15,4 | 16,7 | 17,7 | 16,0 | 15,8 |

| | München | Würzburg | Freiburg | Bremen | Münster |
|---|---|---|---|---|---|
| Juli | 17,2 | 18,4 | 19,4 | 17,4 | 17,4 |
| Aug. | 16,6 | 17,8 | 18,8 | 17,1 | 17,2 |
| Sept. | 13,3 | 14,4 | 15,6 | 14,0 | 14,2 |
| Okt. | 7,8 | 9,2 | 10,1 | 9,4 | 9,7 |
| Nov. | 2,9 | 4,3 | 5,4 | 5,3 | 5,7 |
| Dez. | −0,9 | 0,8 | 1,9 | 2,2 | 2,6 |

Berechnen Sie für diese Orte die Jahresdurchschnittstemperatur.
Beachten Sie: Bei der Summenbildung sind Minuswerte abzuziehen.

3. Für eine Rasenmischung werden gemischt:

Sorte A 55 kg – je kg 2,10 €
Sorte B 70 kg – je kg 1,70 €
Sorte C 85 kg – je kg 3,95 €

Berechnen Sie den Selbstkostenpreis für 1 kg Mischung.

4. Julia hat im Unterrichtsfach „Biologische Grundlagen" folgende Noten erhalten:
3x Note 1; 4x Note 3 und 2x Note 5.

Hannah denkt, dass sie mit folgenden Noten bessere Ergebnisse aufweist:
2x Note 2; 5x Note 3; 1x Note 5.

Berechnen Sie jeweils das gewogene arithmetische Mittel Ihrer Ergebnisse im Unterrichtsfach.

5. Im Großmarkt wird Keramikware zu Sonderkonditionen angeboten, eine Gärtnerin kauft Folgendes: 41 Teile zu 4,50 €/Stück; 31 Teile zu 4,73 €/Stück und 52 Teile zu 5,21 €/Stück.

Berechnen Sie den Durchschnittspreis, den die Gärtnerin bei der gleichwertigen Ware in ihrer Kalkulation ansetzen kann.

6. Es werden 3 verschiedene Sorten an Rosenpflanzen bezogen:

80 Super Star für 336,00 €
300 Gloria Dei für 1 110,00 €
60 Duftwolke für 216,00 €

a) Berechnen Sie den Stückpreis bei den verschiedenen Sorten.
b) Wie viel Euro beträgt der Durchschnittspreis je Pflanze für die gesamte Lieferung?

7. Frau Müller kauft 14 kg Strohblumen zu je 25,10 € und 3 kg zu je 28,20 €.

a) Ermitteln Sie den Durchschnittspreis je kg.
b) Wie hoch ist der Verkaufspreis für 100 g, wenn 120 % aufgeschlagen werden?

8. Pelargonien werden umgetopft. Tom topft in 2 Stunden 500 Pflanzen, Tina in 3 Stunden 800 Pflanzen und Anette in 5 Stunden 1 400 Pflanzen um.

a) Berechnen Sie, wie viele Pelargonien in einer Stunde von jeder Person umgetopft werden.

b) Welche durchschnittliche Stundenleistung wird je Arbeitsstunde erzielt?

9. Von einem Gärtner wurden Pelargonien in zwei Sätzen kultiviert: im ersten Satz 4 500 Pflanzen und im zweiten Satz 4 000 Pflanzen. Vom ersten Satz konnten 2 000 Pflanzen direkt an Endverbraucher abgesetzt werden, 800 Stück zu je 3,20 € und 1 200 Stück zu je 2,90 €. 2 300 Pflanzen wurden an Berufskollegen verkauft. Für 1 100 Stück wurden je 1,95 € und für 1 200 Stück je 1,70 € bezahlt. 200 Pflanzen konnten nicht mehr verkauft werden.

Vom zweiten Satz verkaufte der Gärtner 1 500 Pflanzen für je 2,45 € an Endverbraucher. Die restlichen Pflanzen wurden für 0,90 €/Stück an einen Supermarkt geliefert.

a) Berechnen Sie für jeden Satz den durchschnittlichen Stückpreis.

b) Wie hoch sind bei beiden Sätzen die Deckungsbeiträge für 1 000 Stück, wenn die veränderlichen Kosten im ersten Satz je Stück 1,23 € und im zweiten Satz 0,95 €/Stück betragen (Deckungsbeitrag = Markterlös – veränderliche Kosten)?

# 10 Prozent und Promille

## 10.1 Prozent

Ein Handelsdünger mit 26 % Reinstickstoff kostet 56,00 €/dt. Ein anderer Handelsdünger mit 46 % Reinstickstoff kostet 58,20 €/dt.
Welcher Dünger ist preiswerter?

Prozent heißt „ein Hundertstel".

1 Prozent $= 1\,\% = \frac{1}{100} = 0{,}01$

Ein Ganzes $= 100\,\% = 1{,}0$

Die Prozentrechnung ist eine Schlussrechnung besonderer Art.

Unterscheiden Sie:
1. den Grundwert, er entspricht 100 %,
2. den Prozentsatz,
3. den Prozentwert.

Sind zwei dieser Werte bekannt, kann der Dritte errechnet werden

a) durch Dreisatz,

b) durch die Formel:

$$\text{Prozentwertt} = \frac{\text{Prozentsatz} \cdot \text{Grundwert}}{100}$$

**Beispiele:**

*Der Prozentwert wird errechnet.*

Eine Ware mit einem Selbstkostenpreis von 384,00 € wird mit 15 % Gewinn verkauft. Wie hoch ist der Gewinn?

Dreisatz:

$100\ \% \triangleq 384{,}00\ €$

$1\ \% \triangleq 3{,}84\ €$

$15\ \% \triangleq 3{,}84\ € \cdot 15 = \underline{\underline{57{,}60\ €}}$

Formel:

$$\text{Prozentwert} = \frac{\text{Prozentsatz} \cdot \text{Grundwert}}{100}$$

$$= \frac{15 \cdot 384{,}00\ €}{100}$$

$$= \underline{\underline{57{,}60\ €}}$$

*Der Prozentsatz wird errechnet.*

Der Preis einer Ware wurde von 480,00 € auf 518,40 € erhöht. Um wie viel Prozent ist der Preis gestiegen?

Die Preiserhöhung beträgt 38,40 €.

Dreisatz:

$480{,}00\ € \triangleq 100\ \%$

$1{,}00\ € \triangleq \frac{100}{480}\ \%$

$38{,}40\ € \triangleq \frac{100 \cdot 38{,}40}{480}\ \% = \underline{\underline{8\ \%}}$

Formel:

$$\text{Prozentsatz} = \frac{\text{Prozentwert} \cdot 100}{\text{Grundwert}}$$

$$= \frac{38{,}40\ € \cdot 100}{480{,}00\ €}$$

$$= \underline{\underline{8\ \%}}$$

*Der Grundwert wird errechnet.*

Ein Mantel wird im Ausverkauf mit 12 % Nachlass, das sind 30,00 €, verkauft. Wie hoch war sein ursprünglicher Preis?

Dreisatz:

$12\ \% \triangleq 30{,}00\ €$

$1\ \% \triangleq \frac{30}{12}$

$100\ \% \triangleq \frac{30 \cdot 100}{12} = \underline{\underline{250{,}00\ €}}$

Formel:

$$\text{Grundwert} = \frac{\text{Prozentwert} \cdot 100}{\text{Prozentsatz}}$$

$$= \frac{30{,}00\ € \cdot 100}{12}$$

$$= \underline{\underline{250{,}00\ €}}$$

*Der vermehrte Grundwert*

Ein Fotoapparat kostet nach einer Preiserhöhung von 15 % 345,00 €. Wie hoch sind Preiserhöhung und bisheriger Preis?

115 % (vermehrter Grundwert) $\triangleq$ 345,00 €

1 % $\triangleq \frac{345{,}00\ €}{115} = 3{,}00\ €$

15 % (Preiserhöhung) $\triangleq$ 3,00 € · 15 = 45,00 €

100 % (bisheriger Preis) $\triangleq$ 3,00 € · 100 = 300,00 €

*Der verminderte Grundwert*

Im Schlussverkauf werden Skistiefel mit 35 % Nachlass zum Preis von 162,50 € verkauft. Wie hoch sind Preisnachlass und früherer Preis?

65 % (verminderter Grundwert)= 162,50 €

1 % $= \frac{162{,}50\ €}{65} = 2{,}50\ €$

35 % (Preisnachlass) = 2,50 € · 35 = 87,50 €

100 % (bisheriger Preis) = 2,50 € · 100 = 250,00 €

## Aufgaben:

1. Gärtnermeister Rabe kauft für sein Geschäft Übertöpfe zum Preis von 25,60 e je Stück. Er verkauft mit einem Preisaufschlag von 30 %.

   Wie hoch sind Preisaufschlag und Verkaufspreis?

2. Der ursprüngliche Preis für eine Ware (38,00 €) wurde um 22 % erhöht.

   Berechnen Sie die Preiserhöhung und den neuen Verkaufspreis.

3. Ein Makler kauft ein Grundstück für 57 000,00 € und verkauft es an einen Gärtnereibetrieb für 65 000,00 €.

   Wie viel hat er dabei prozentual verdient?

4. Der Preis für Übertöpfe wird von 29,00 € auf 22,00 € gesenkt.

   Berechnen Sie den Preisrückgang in Prozent.

5. In einer Gärtnerei werden die Preise für bestimmte Waren um 8 % gesenkt. Ein Gesteck wird dadurch um 3,20 € billiger.

   Berechnen Sie den ursprünglichen Preis und den Preis nach der Preissenkung.

6. Eine Zimmerpalme kostet nach einer Preiserhöhung von 9 % 39,24 €.

   Berechnen Sie die Preiserhöhung in Euro und den ursprünglichen Preis.

7. Eine Gärtnereiangestellte bekommt 2,5 % Lohnerhöhung. Dadurch steigt ihr Bruttolohn auf 2 126,00 €.

   Wie hoch war ihr Bruttolohn vor der Lohnerhöhung? Berechnen Sie die Lohnerhöhung in Euro.

8. Zum Saisonende werden die Preise von Gehölzpflanzen im Topf von 22,00 € um 20 % gesenkt und nach einer Woche nochmals um 30 %. Berechnen Sie die beiden Preise.

9. In einem Betrieb rechnet man bei Geranien mit einer Anwachsquote von 85 %.

   Wie viele Stecklinge müssen geschnitten werden, wenn man 3 400 Jungpflanzen erhalten will?

## 10.2 Promille

Im Zusammenhang mit dem Blutalkoholgehalt haben Sie bestimmt schon den Begriff „Promille“ gehört.
Die Größe Promille wird aber auch in anderen Bereichen verwendet.

Promille heißt „ein Tausendstel“.

Bei der Promillerechnung ist die Verhältniszahl 1 000.

$$1 \text{ Promille} = 1 ‰ = \frac{1}{1\,000} = 0{,}001$$

Ein Ganzes hat 1 000 Teile = 1 000 ‰ = 1,0.

Die Promillerechnung wird nach den Regeln der Prozentrechnung durchgeführt.

### Aufgaben:

1. 140 l Düngerlösung haben eine Konzentration von 2,3 ‰.

   Wie viel Gramm Dünger wurden aufgelöst?

2. In 250 l Wasser werden 375 g Volldünger aufgelöst.

   Berechnen Sie die Konzentration der Lösung in Promille.

3. Aus 25 ml eines Insektizides soll eine Pflanzenschutzlösung mit einer Konzentration von 0,45 ‰ hergestellt werden.

   Für wie viel Liter Lösung reicht das Konzentrat?

4. Im menschlichen Körper befinden sich etwa 5 Liter Blut. Berechnen Sie die reine Alkoholmenge bei einer Blutalkoholkonzentration von 0,5 ‰.

5. Die Prämie für die Gebäudeversicherung eines Betriebes beträgt 1,45 ‰.
   Es sind 507,50 € zu zahlen.

   Wie hoch ist die Versicherungssumme?

6. Die Versicherungssumme für eine Glasversicherung beträgt 120 000,00 €. Jährlich müssen 192,00 € Versicherungsprämie bezahlt werden.

   Wie viel Promille sind das?

## 10.3 Gefälle in Prozent und in Grad

Auf Verkehrszeichen werden Gefälle- oder Steigungsstrecken in Prozent angegeben. Bei Böschungen kann der Neigungswinkel aber auch in Grad ausgedrückt werden.

Gefälle bzw. Steigung in Prozent

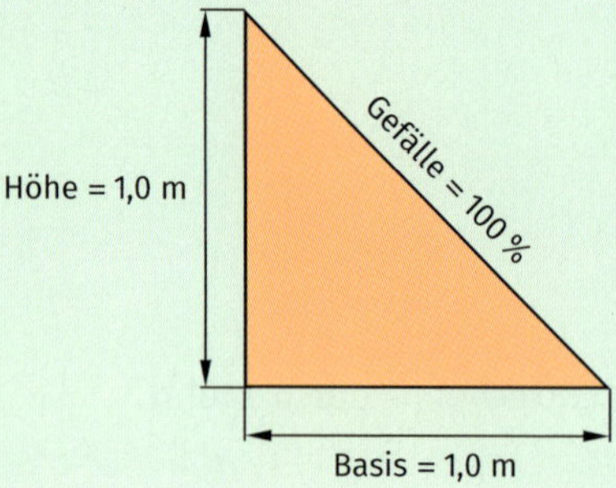


Steigung (Gefälle) in % = $\frac{\text{Höhenunterschied} \cdot 100}{\text{Basis}}$

Ist das Verhältnis von Basis zur Höhe 1 : 1, beträgt das Gefälle 100 %.

Gefälle bzw. Steigung in Grad

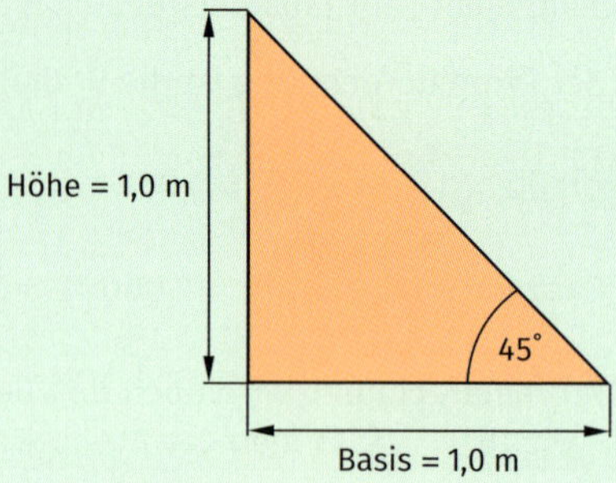


Bei einem Verhältnis der Basis zur Höhe von 1 : 1 beträgt der Neigungswinkel 45°.

|  |  |
|---|---|
| 100 % Gefälle ≙ 45,0° | 50 % Gefälle ≙ 26,6° |
| 90 % Gefälle ≙ 42,0° | 40 % Gefälle ≙ 21,8° |
| 80 % Gefälle ≙ 38,7° | 30 % Gefälle ≙ 16,7° |
| 70 % Gefälle ≙ 35,0° | 20 % Gefälle ≙ 11,3° |
| 60 % Gefälle ≙ 31,0° | 10 % Gefälle ≙ 5,7° |

Die Gegenüberstellung zeigt, dass sich Gefälle in Prozent und in Grad nicht linear zueinander verhalten.

### Aufgaben:

1. Eine 6 m breite Terrasse hat ein Gefälle von 1 %.

   Um wie viel Zentimeter fällt die Terrasse ab?

2. Ein 82 m langer Entwässerungsgraben soll ein Gefälle von 0,8 % bekommen.

   Berechnen Sie, um wie viel Zentimeter die Grabensohle am unteren Ende niedriger sein muss.

3. Ein Plattenweg ist in horizontaler Richtung 26 m lang und hat eine Steigung von 5 ‰.

   Um wie viel Zentimeter steigt der Weg an?

4. Eine Rasenfläche hat eine Neigung von 15 %.

   Fertigen Sie eine Skizze für eine Basislänge von 1,0 m im Maßstab 1 : 10 an und ermitteln Sie mit dem Winkelmesser das Gefälle in Grad.

5. Ein Bauplatz hat eine Neigung von 35 %.
   Ermitteln Sie durch Zeichnung die Neigung in Grad.

6. **a)** Eine Böschung hat einen Neigungswinkel von 55°.

   Ermitteln Sie durch Zeichnung die Neigung in %. Basis 1 m, Maßstab 1 : 20.

   **b)** Ermitteln Sie in gleicher Weise die Neigung in Prozent, wenn der Neigungswinkel 32° bzw. 60° beträgt.

7. Es wird eine Böschung mit einer Basis von 3,50 m und einer Höhe von 2,50 m angelegt.

   Ermitteln Sie die Länge der dritten Seite sowie das Gefälle in Prozent und in Grad.

8. Eine Böschung hat eine Basis von 3,80 m.

   Wie hoch steigt sie an, wenn die Steigung 28 % beträgt?

9. Ermitteln Sie die Steigung der Böschung aus der vorhergehenden Aufgabe in Grad.

10. Eine Böschung steigt 2,60 m an.

    Wie groß ist ihre Basis, wenn der Neigungswinkel 35° hat?

11. Ein Plattenweg steigt um 0,85 m an.

    Wie lang ist seine Basis, wenn die Steigung 1,35 % beträgt?

12. Welcher prozentualen Steigung entsprechen 15°?

    Lösung durch Zeichnung.

13. Die Dachneigung für einen guten Regenwasserablauf sollte 7 % betragen.

    Berechnen Sie den Höhenunterschied bei einer Dachbreite von 7,50 m.

# 11 Zinsrechnen

## 11.1 Einfache Zinsrechnungen

Die Zinsrechnung ist eine Anwendung der Prozentrechnung auf das Geldwesen unter Berücksichtigung eines bestimmten Zeitraumes. Dabei entsprechen die Zinsen eines Geldbetrages für ein volles Jahr dem Prozentwert.

Wird bei Banken, Sparkassen usw. Geld (Kapital) (= Grundwert) geliehen, hat der Schuldner dem Geldgeber (Gläubiger) für die Überlassung des Geldes eine Leihgebühr (Zinsen) (= Prozentwert) zu zahlen.

Die Zinsen werden in % (Zinsatz) (= Prozentsatz) angegeben und beziehen sich immer auf 1 Jahr.

Das Jahr wird zu 360 Tagen, der Monat zu 30 Tagen gerechnet.

Bei der Zinsrechnung sind folgende Begriffe zu unterscheiden:

1. Kapital oder Grundbetrag ($K$)
2. Zinssatz ($p$)
3. Zeit ($t$) in Jahren oder Tagen
4. Zinsen ($Z$)

$$\frac{\text{Zinsen}}{\text{Zinssatz}} = \frac{\text{Kapital}}{100}$$

$$\left(\frac{Z}{p} = \frac{K}{100}\right)$$

Zinsen für *t* Jahre:

$$Z = \frac{K \cdot p}{100 \cdot t}$$

Zinsen für *t* Monate:

$$Z = \frac{K \cdot p}{100} \cdot \frac{t}{12}$$

Zinsen für *t* Tage:

$$Z = \frac{K \cdot p}{100} \cdot \frac{t}{360}$$

(Festlegung: 1 Jahr = 12 Monate; 1 Monat = 30 Tage)
Bei längeren Zinszeiträumen ergeben sich höhere Zinsen, da die Zinsen ihrerseits mit verzinst werden (Zinseszinsrechnung).

**Beispiele:**

*Die Zinsen sind zu berechnen.*

Wie viel Zinsen bringt ein Kapital von 3 400,00 e bei 4,5 % in 3 Jahren?

$$Z = \frac{K \cdot p \cdot t}{100}$$

$$Z = \frac{3400 \cdot 4{,}5 \cdot 3}{100} = 459{,}00 \text{ € Zinsen}$$
(ohne Zinseszins)

*Das Kapital ist zu berechnen.*

Welches Kapital bringt in 5 Jahren bei 6 % 963,00 € Zinsen?

$$K = \frac{100 \cdot Z}{p \cdot t}$$

$$K = \frac{100 \cdot 963}{6 \cdot 5} = 3210{,}00 \text{ € Kapital}$$

*Der Zinssatz ist zu berechnen.*

Mit wie viel Prozent sind 8500,00 € ausgeliehen, wenn sie in 4 Jahren 2210,00 € Zinsen (ohne Zinseszins) bringen?

$$p = \frac{100 \cdot Z}{K \cdot t}$$

$$p = \frac{100 \cdot 2210}{8500 \cdot 4} = 6{,}5 \text{ \%}$$

*Die Zeit ist zu berechnen.*

Wie viel Jahre sind 3800,00 € zu 7 % ausgeliehen, wenn sie 798,00 € Zinsen erbringen?

$$t = \frac{100 \cdot Z}{K \cdot p}$$

$$t = \frac{100 \cdot 798}{3800 \cdot 7} = 3 \text{ Jahre}$$

## Aufgaben:

1. a) 4 000,00 € werden mit 3 % verzinst.
   Wie hoch ist der Zins für 2 Jahre?

   b) 900,00 € werden für 7 % Zins ausgeliehen.
   Wie hoch ist der Zins für ein halbes Jahr?

   c) 3 000,00 € bringen einen Jahreszins von 180,00 €.
   Bere 'hnen Sie den Zinssatz.

   d) Gegeben: Kapital = 850,00 €; Jahreszins 42,50 €.
   Gesucht: Zinssatz.

   e) Bei einem Zinssatz von 4,5 % beträgt der Jahreszins 90,00 €.
   Wie hoch ist das Kapital?

2. 6 750,00 € sind bei einem Zinssatz von 5,25 % für $2\frac{3}{4}$ Jahre ausgeliehen.

   a) Berechnen Sie den gesamten Zins ohne Zinseszins.

   b) Wie hoch ist das gesamte Guthaben nach den $2\frac{3}{4}$ Jahren einschließlich des Zinseszinses?

3. 2 925,00 € werden bei 4,75 % vom 15. Januar bis zum 28. Juli des gleichen Jahres ausgeliehen.

   Berechnen Sie den Zins.

4. Mit welchem Zinssatz wurden 860,00 € ausgeliehen, wenn sie in $3\frac{1}{4}$ Jahren 195,65 € Zinsen (ohne Zinseszins) brachten?

5. Gegeben: $K$ = 3 140,00 €, $t$ = 250 Tage, $Z$ = 77,41 €.

   Berechnen Sie den Zinssatz.

6. Welches Kapital bringt in 3,5 Jahren bei 8,5 % 1 071,00 € Zinsen (ohne Zinseszins)?

7. Ein Darlehen wurde am 15. Mai gegeben und am 3. November des gleichen Jahres zurückbezahlt. Der Zinssatz betrug 7,25 %. Es mussten 609,00 € Zinsen bezahlt werden.

   Wie hoch war die Darlehenssumme?

8. Wie lange waren 12 800,00 € zu 6,3 % ausgeliehen, wenn sie 2 688,00 € Zinsen brachten?

9. 1 920,00 € waren zu 7,2 % ausgeliehen und brachten 80,64 € Zinsen.

   Wie viel Tage war das Geld ausgeliehen?

10. Leon zahlt auf sein Sparbuch zu Jahresanfang 5 000,00 € ein. Bei vierjähriger Kündigung bekommt er 6 % Zinsen.

    Wie hoch ist sein Guthaben nach 5 Jahren einschließlich des Zinseszinses?

11. Für ein Guthaben von 6 500,00 € zahlt die Bank 1,5 % Zinsen. Berechnen Sie die Zinsgutschrift nach 7 Monaten.

12. Der Gartenbaubetrieb „Sonnenschein" zahlt mit 45 Tagen Verspätung eine Rechnung. Die Verzugszinsen betragen beim banküblichen Zinssatz von 9,5 % 12,50 €.

    Berechnen Sie den Rechnungsbetrag.

13. Die Auszubildende Karin nimmt einen Kredit in Höhe von 1 250,00 € auf. Damit möchte sie sich einen Motorroller kaufen, um unabhängig von den öffentlichen Verkehrsmitteln ihren Weg zur Arbeit bewältigen zu können.

    Berechnen Sie die Höhe der Zinsen, wenn sie den Kredit nach einem Jahr wieder tilgt.

## 11.2 Zinsrechnungen mit kaufmännischer Formel

Da sich der zu verzinsende Betrag z. B. durch Sondertilgungen ändern kann, können die Zinsen durch die kaufmännische Formel berechnet werden.

Die Zinsformel $Z = \frac{K \cdot t \cdot p}{100 \cdot 360}$ lässt sich zerlegen in $Z = \frac{K \cdot t}{100} \cdot \frac{p}{360}$

Wir können den Wert $\frac{K \cdot t}{100}$ (= Zinszahl) mit $\frac{p}{360}$ vervielfachen oder mit dem Kehrwert $\frac{360}{p}$ (= Zinsdivisor) dividieren.

Daraus ergibt sich: $Z = \frac{\text{Zinszahl}}{\text{Zinsdivisor}}$

Diese Berechnungsart ist vorteilhaft, wenn sich der zu verzinsende Betrag oft ändert, der Zinssatz aber gleich bleibt.

Die Zinszahl ermitteln wir auf folgende Weise: Vom Kapitalbetrag verrücken wir das Komma um zwei Stellen nach links (: 100) und vervielfachen dann mit der Zahl der Tage.

Der Zinsdivisor ist bei gleichem Zinssatz eine konstante Größe.
Es wird immer gerechnet 360 : Zinssatz.

4 % ergeben als Zinszahl $\frac{360}{4} = 90$

**Beispiel:**

Eine Auszubildende hat am Jahresanfang auf dem Sparbuch ein Guthaben von 750,00 €. Am 15. eines jeden Monats zahlt sie 80,00 € ein. Wie hoch ist das Guthaben einschließlich der Zinsen am Jahresende, wenn der Zinssatz 4,5 % beträgt?

Zinsdivisor: $\frac{360}{4{,}5} = 80$

| Datum | Guthaben € | Tage | Zinszahlen |
|---|---|---|---|
| 31.12. | 750,00 | 15 | 112,5 |
| 15.01. | 830,00 | 30 | 249,0 |
| 15.02. | 910,00 | 30 | 273,0 |
| 15.03. | 990,00 | 30 | 297,0 |
| 15.04. | 1 070,00 | 30 | 321,0 |
| 15.05. | 1 150,00 | 30 | 345,0 |
| 15.06. | 1 230,00 | 30 | 369,0 |
| 15.07. | 1 310,00 | 30 | 393,0 |
| 15.08. | 1 390,00 | 30 | 417,0 |
| 15.09. | 1 470,00 | 30 | 441,0 |
| 15.10. | 1 550,00 | 30 | 465,0 |
| 15.11. | 1 630,00 | 30 | 489,0 |
| 15.12. | 1 710,00 | 15 | 256,5 |
| Summe der Zinszahlen | | | 4 428,0 |

$$\text{Zins zum 31.12.} = \frac{\text{Zinszahlen}}{\text{Zinsdivisor}} = \frac{4\,428}{80} = 55{,}35\ €$$

Guthaben am 31.12.: 1 710,00 € + 55,35 € = $\underline{\underline{1\,765{,}35\ €}}$

## Aufgaben:

1. Berechnen Sie die Zinsdivisoren für folgende Zinssätze:

   1,5 %; 1,8 %; 2,0 %; 2,4 %; 3,0 %; 3,6 %; 4,8 %; 5,0 %; 6,0 %; 7,2 %; 7,5 %; 8,0 %; 9,0 %; 12,0 %

2. Ein Betriebsleiter hat am 31.12. auf dem Tagesgeldkonto ein Guthaben von 8 563,00 €. Im Laufe des folgenden Jahres gibt es nachstehende Geldbewegungen:

| | | |
|---|---|---:|
| 15.05. | Einzahlung | 385,00 € |
| 20.08. | Abhebung | 2 350,00 € |
| 13.10. | Einzahlung | 850,00 € |
| 25.11. | Einzahlung | 420,00 € |
| 18.12. | Abhebung | 810,00 € |

   Welcher Zinsbetrag wird am Jahresende gutgeschrieben, wenn der Zinssatz 3,6 % beträgt und wie hoch ist dann sein Guthaben?

3. Eine Auszubildende hat auf ihrem Sparbuch am 31.12. ein Guthaben von 1 710,00 €. Durch Dauerauftrag überweist sie von ihrem Girokonto immer zum 10. jeden Monats 125,00 € auf das Sparkonto. Wegen einer Urlaubsreise hebt sie am 18. Juli 300,00 € und für Weihnachten am 5. Dezember 350,00 € ab.

   Wie hoch ist das Guthaben am Jahresende einschließlich der Zinsgutschrift, wenn der Zinssatz 3 % beträgt?

4. Ein Betriebsinhaber nimmt bei seiner Hausbank am 20. Februar für eine Investition ein Darlehen von 28 000,00 € auf, das er mit 8 % verzinsen muss. Am 1.7. und am 1.10. tilgt er jeweils 2 000,00 € und am 30.12. zahlt er die zwischenzeitlich angefallenen Zinsen.

   Wie hoch ist der fällige Zinsbetrag?

5. Auf dem Girokonto eines Betriebsleiters ist am 1. Januar ein Guthaben von 457,00 €. Im ersten Vierteljahr werden folgende Geldbewegungen registriert:

| | | |
|---|---|---:|
| 12. Januar | Abhebung | 950,00 € |
| 26. Januar | Abhebung | 300,00 € |
| 15. Februar | Einzahlung | 1 280,00 € |
| 2. März | Einzahlung | 590,00 € |
| 9. März | Abhebung | 1 470,00 € |
| 18. März | Einzahlung | 680,00 € |

   Welcher Zinsbetrag wird zum Ende des Vierteljahres auf dem Konto belastet oder gutgeschrieben, wenn für das Guthaben 0,75 %, für die Schulden jedoch 9,0 % Zinsen berechnet werden?

## 11.3 Zinseszinsrechnung

Die Zinseszinsrechnung beantwortet die Frage, auf welches Endkapital ein ursprünglich eingesetztes Anfangskapital angewachsen ist, wenn regelmäßig und mit gleichem Zinssatz dieses Anfangsguthaben verzinst worden ist. Bei dieser Rechnung wird berücksichtigt, dass sich das Anfangskapital jeweils um die Zinsen erhöht.

**Beispiel:**

Auf wie viel Euro wächst eine Spareinlage von 2 000,00 € bei 5 %iger Verzinsung mit Zinseszinsen in 5 Jahren an?

**Lösungsmöglichkeit 1:**

| | |
|---|---:|
| Anfangskapital | 2 000,00 € |
| + 5 % Zins | 100,00 € |
| Guthaben nach dem 1. Jahr | 2 100,00 € |
| + 5 % Zins | 105,00 € |
| Guthaben nach dem 2. Jahr | 2 205,00 € |
| + 5 % Zins | 110,25 € |
| Guthaben nach dem 3. Jahr | 2 315,25 € |
| + 5 % Zins | 115,76 € |
| Guthaben nach dem 4. Jahr | 2 431,01 € |
| + 5 % Zins | 121,55 € |
| Guthaben nach dem 5. Jahr | 2 552,56 € |

**Lösungsmöglichkeit 2** mit Zinseszinsformel:

Endkapital = Anfangskapital · Aufzinsfaktor

$K_n$ = Endkapital = nach n Jahren

$K_a$ = Anfangskapital

$q = 1 + \frac{\text{Zinssatz}}{100}$

$n$ = Zahl der Jahre

$$K_n = K_a \cdot q^n$$

$$= 2\,000{,}00\ € \cdot (1 + \frac{5}{100})^5$$

$$= 2\,000{,}00\ € \cdot 1{,}05^5$$

$$= 2\,000{,}00\ € \cdot 1{,}27628$$

$$= \underline{\underline{2\,552{,}56\ €}}$$

## Aufgaben:

1. Auf welchen Betrag wachsen 3 800,00 € durch Zins und Zinseszins in 8 Jahren an, wenn der Zinssatz 5,5 % beträgt?

2. Bei einem Zinssatz von 6 % wächst ein Sparguthaben durch Zins und Zinseszins in 5 Jahren auf 10 000,00 €.

   Wie hoch war das Anfangskapital?

3. Bei der Geburt eines Kindes werden 1 000,00 € bei 4,5 %iger Verzinsung angelegt.

   Über welchen Betrag kann am 18. Geburtstag verfügt werden?

4. Wie viel Euro müssen Eltern bei der Geburt ihres Kindes bei einer Verzinsung von 5,5 % anlegen, wenn ihm zum 18. Geburtstag 15 000,00 € zur Verfügung stehen sollen?

5. Wie viel Euro sind anzulegen, wenn bei 5,25 %iger Verzinsung nach 5 Jahren 5 000,00 € zur Verfügung stehen sollen?

6. Eine Spareinlage wird in den ersten drei Jahren mit 5 % und in den folgenden Jahren mit 5,5 % verzinst.

   Auf welches Kapital ist die Einlage von 8 500,00 € in sieben Jahren angewachsen?

7. Ein Elternpaar will die Ausbildung der Tochter finanziell absichern. Sie soll an ihrem 15. Geburtstag über 8 000,00 € verfügen können.

   Wie viel Euro müssen bei 6,5 %iger Verzinsung bei der Geburt des Kindes angelegt werden?

8. Frau Müller hat 10 000,00 € Ersparnisse und legt diese mit 5,5 %iger Verzinsung an.

   Nach wie vielen Jahren hat sich das Kapital verdoppelt bzw. verdreifacht?

# 12 Bruchrechnen

## 12.1 Brucharten, Erweitern und Kürzen von Brüchen

Die Bruchrechnung ist ein Teilbereich der Arithmetik, die sich u. a. mit der Division von Zahlen beschäftigt.

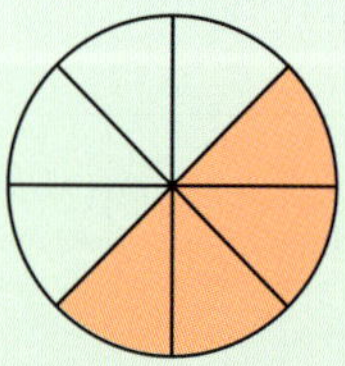

8 Teile sind das Ganze. Das heißt $\frac{8}{8} = 1$

3 Teile vom Ganzen sind $\frac{3}{8} = \frac{\text{Zähler}}{\text{Nenner}}$

Der Bruchstrich hat die Bedeutung des Divisionszeichens.

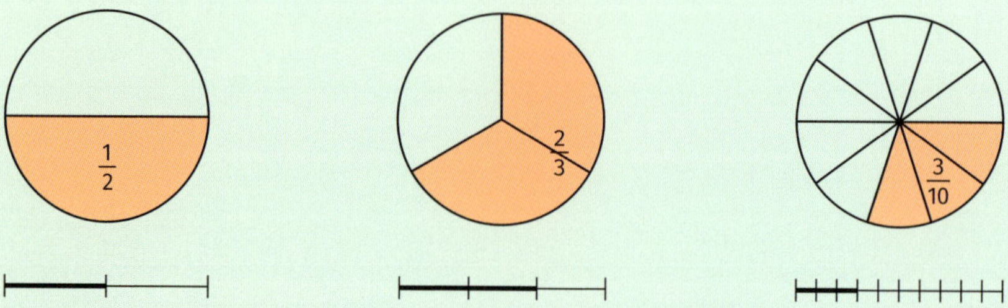

### Brucharten

| | | |
|---|---|---|
| Echte Brüche | $\frac{1}{3}, \frac{2}{7}, \frac{5}{9}$ | Zähler < Nenner |
| Unechte Brüche | $\frac{5}{4}, \frac{9}{8}, \frac{7}{5}$ | Zähler > Nenner |
| Scheinbrüche | $\frac{3}{3}, \frac{7}{7}, \frac{15}{15}$ | Zähler = Nenner |
| Gemischte Zahlen | $2\frac{1}{2}, 5\frac{2}{7}, 8\frac{3}{4}$ | ganze Zahl und echter Bruch |
| Dezimalbrüche | $\frac{3}{10}, \frac{28}{100}, \frac{877}{1\,000}$ | Nenner ist eine Zehnerzahl |
| | 0,3; 0,28; 0,877 | Dezimalschreibweise |

### Erweitern und Kürzen von Brüchen

Brüche werden **erweitert**, indem man Zähler und Nenner mit derselben Zahl **multipliziert**; der Wert des Bruches bleibt dabei unverändert.

Brüche werden **gekürzt**, indem man Zähler und Nenner durch dieselbe Zahl **dividiert**; der Wert des Bruches bleibt auch hier unverändert.

$\frac{3}{4} = \frac{3 \cdot 5}{4 \cdot 5} = \frac{15}{20}$ $\quad$ $\frac{2}{5} = \frac{2 \cdot 7}{5 \cdot 7} = \frac{14}{35}$ $\quad$ $\frac{9}{21} = \frac{9 : 3}{21 : 3} = \frac{3}{7}$ $\quad$ $\frac{14}{35} = \frac{14 : 7}{35 : 7} = \frac{2}{5}$

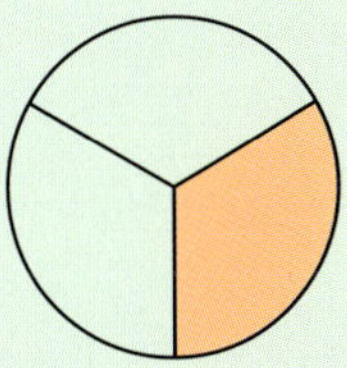

$\frac{1}{3} = \frac{2}{6}$

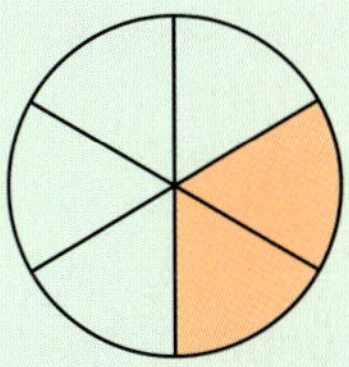

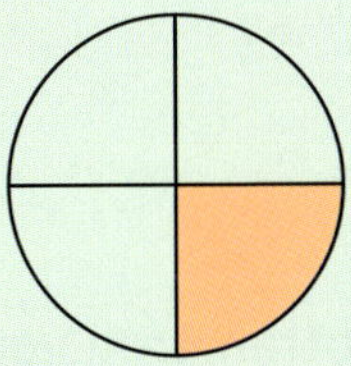

$\frac{1}{4} = \frac{4}{16}$

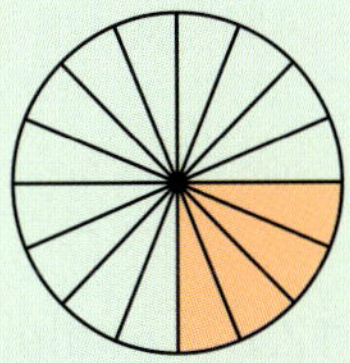

## Aufgaben:

1. Erweitern Sie

a) mit 3 $\frac{1}{2}$; $\frac{2}{7}$; $\frac{3}{5}$; $\frac{4}{9}$; $\frac{6}{11}$

b) mit 5 $\frac{1}{3}$; $\frac{5}{6}$; $\frac{3}{4}$; $\frac{4}{7}$; $\frac{5}{12}$

c) mit 8 $\frac{1}{4}$; $\frac{2}{3}$; $\frac{1}{6}$; $\frac{3}{8}$; $\frac{4}{15}$

d) mit 12 $\frac{2}{3}$; $\frac{3}{4}$; $\frac{2}{5}$; $\frac{3}{7}$; $\frac{2}{9}$

2. Bestimmen Sie den Zähler zu dem schon erweiterten Nenner.

$\frac{7}{8} = \frac{?}{32}$; $\frac{9}{11} = \frac{?}{44}$; $\frac{7}{13} = \frac{?}{65}$; $\frac{12}{17} = \frac{?}{51}$; $\frac{15}{28} = \frac{?}{84}$

3. Kürzen Sie die Brüche.

$\frac{14}{21}$; $\frac{12}{15}$; $\frac{48}{72}$; $\frac{39}{84}$; $\frac{49}{84}$; $\frac{24}{72}$; $\frac{15}{45}$; $\frac{21}{56}$; $\frac{12}{20}$; $\frac{26}{91}$

4. Verwandeln Sie die gemischten Zahlen in unechte Brüche.

$4\frac{3}{7}$; $8\frac{3}{8}$; $1\frac{4}{9}$; $5\frac{11}{13}$; $2\frac{2}{19}$; $3\frac{2}{27}$; $12\frac{3}{28}$

5. Verwandeln Sie die unechten Brüche in gemischte Zahlen.

$\frac{92}{51}$; $\frac{17}{8}$; $\frac{50}{9}$; $\frac{71}{50}$; $\frac{47}{22}$; $\frac{77}{45}$; $\frac{100}{63}$

## 12.2 Addieren und Subtrahieren von Brüchen

Um Brüche addieren oder subtrahieren zu können, muss in den meisten Fällen Folgendes getan werden:

1. Brüche auf einen gemeinsamen Nenner bringen,
2. Brüche addieren bzw. subtrahieren,
3. Ergebnisbruch kürzen.

Nur Brüche mit gleichen Nennern lassen sich zusammenzählen oder abziehen; die Zähler werden addiert oder subtrahiert, der Nenner bleibt unverändert.

$$\frac{3}{7}+\frac{4}{7}+\frac{1}{7}+\frac{3}{7}=\frac{3+4+1+3}{7}=\frac{11}{7}=1\frac{4}{7}$$

$$\frac{8}{15}-\frac{2}{15}-\frac{4}{15}=\frac{8-2-4}{15}=\frac{2}{15}$$

Ungleichnamige Brüche (Brüche mit verschiedenen Nennern) müssen erst gleichnamig gemacht werden; durch Erweitern erhalten sie den gleichen Nenner (Hauptnenner = HN).

$$\frac{3}{5}+\frac{4}{8}=$$

1. Brüche auf einen gemeinsamen Nenner bringen:

$$\frac{3\cdot 8+4\cdot 5}{5\cdot 8}$$

2. Brüche addieren bzw. subtrahieren:

$$\frac{24+20}{40}=\frac{44}{40}$$

3. Ergebnisbruch kürzen:

$\frac{44}{40}$ geteilt durch $4=\frac{11}{10}$

## Aufgaben:

1. a) $\frac{2}{9}+\frac{8}{9}+\frac{7}{9}+\frac{5}{9}$ b) $\frac{4}{13}+\frac{8}{13}+\frac{7}{13}+\frac{5}{13}-\frac{3}{13}$

2. a) $\frac{2}{5}-\frac{3}{8}$ b) $\frac{1}{3}+\frac{1}{4}+\frac{3}{6}$

3. a) $\frac{3}{4}+\frac{7}{12}+\frac{5}{8}$ b) $\frac{9}{21}+\frac{3}{7}+\frac{2}{3}+\frac{5}{7}+\frac{11}{21}$

4. a) $\frac{2}{3}+\frac{5}{15}-\frac{7}{30}-\frac{1}{15}$ b) $\frac{4}{9}+\frac{7}{27}-\frac{2}{3}-\frac{1}{9}+\frac{18}{27}$

5. In ein Becken soll ein Herbizidspritzmittel gefüllt werden, zunächst ein Viertel Liter, dann zweimal drei Achtel Liter.

   Berechnen Sie das gesamte Flüssigkeitsvolumen im Behälter.

6. Ein Kunde bestellt bei seinem Obst- und Gemüsehändler folgende Partien: $1\frac{1}{2}$ kg Äpfel; $1\frac{3}{4}$ kg Birnen; $1\frac{1}{3}$ kg Pfirsiche; $\frac{5}{8}$ kg Nektarinen und $2\frac{1}{6}$ kg Kartoffeln.

   Ermitteln Sie das Gesamtgewicht.

7. Aus $\frac{1}{2}$ m³ Gartenerde, $\frac{1}{3}$ m³ Kompost, $\frac{3}{5}$ m³ Torf, $\frac{1}{4}$ m³ Sand und $\frac{1}{6}$ m³ Hygromull wird ein Substrat hergestellt.

   Berechnen Sie das gesamte Volumen.

8. Ein Substrat besteht zu $\frac{1}{3}$ aus Kompost und zu $\frac{2}{5}$ aus Sand. Der Rest ist Torf.

   Berechnen Sie den Torfanteil.

## 12.3 Multiplizieren und Dividieren von Brüchen

Man multipliziert Brüche, indem man jeweils die Zähler und die Nenner multipliziert.
Bei der Multiplikation eines Bruches mit einer ganzen Zahl multipliziert man diese mit dem Zähler des Bruches.
Man dividiert durch einen Bruch, indem man mit dem Kehrwert des Bruches multipliziert.

Multiplikation zweier Brüche:
$\frac{3}{5} \cdot \frac{4}{9} = \frac{12}{45}$

Multiplikation eines Bruches mit einer ganzen Zahl:
$\frac{3 \cdot 4}{5} = \frac{12}{5}$

Division von Brüchen:
$\frac{3}{8}$ geteilt durch $\frac{5}{9} = \frac{27}{40}$

### Aufgaben:

1. Kürzen Sie, wenn möglich, bevor Sie multiplizieren.

   a) $\frac{2}{3} \cdot \frac{7}{8}$ b) $\frac{4}{7} \cdot \frac{3}{8}$ c) $\frac{8}{9} \cdot \frac{11}{16}$ d) $\frac{7}{15} \cdot \frac{3}{4}$

2. a) $\frac{5}{12} \cdot \frac{7}{19} \cdot \frac{4}{5}$ b) $\frac{9}{2} \cdot \frac{2}{3} \cdot \frac{5}{6}$ c) $9\frac{1}{2} \cdot 2\frac{1}{3} \cdot \frac{2}{19}$

3. Ein Regenwassertank umfasst ein Volumen von 3 500 Liter. Dieser ist zu $\frac{1}{5}$ gefüllt. Die Hälfte des Regenwassers wird zur Bewässerung genutzt.

   Berechnen Sie die Wassermenge zur Beregnung.

4. Eine Ausstellungsfläche, deren Grundfläche 70 $m^2$ beträgt, soll mit Stoff dekoriert werden.

   Berechnen Sie die Gesamtfläche an Dekorationsstoff, wenn $\frac{1}{7}$ mehr an Stoff berechnet werden muss als die angegebene Grundfläche.

5. Mit 40 l Blumenerde sollen drei Balkonkästen befüllt werden. Berechnen Sie die Menge an Blumenerde pro Balkonkasten.

6. Die Sonnenschein KG erwirtschaftete im Wirtschaftsjahr 2015 einen Gewinn von 57 500,00 €. Herr Müller erhält davon $\frac{3}{4}$; Herr Bader $\frac{1}{8}$. Der Rest steht zur Investition zur Verfügung.

   Berechnen Sie die Geldsumme, die zur Investition genutzt werden kann.

7. a) $\frac{9}{8} : \frac{2}{3}$ b) $\frac{4}{13} : \frac{3}{7}$ c) $\frac{12}{17} : \frac{4}{9}$ d) $\frac{7}{19} : \frac{1}{2}$

   e) $\frac{14}{15} : \frac{7}{20}$ f) $\frac{7}{9} : \frac{2}{3}$ g) $\frac{21}{22} : \frac{8}{7}$ h) $3\frac{1}{7} : 4\frac{2}{5}$

8. Ein rechteckiges Blumenbeet hat eine Fläche von $21\frac{7}{12}$ $m^2$. Es ist $9\frac{1}{4}$ m lang. Wie breit ist es?

9. In einem Gewächshaus steht eine Gesamtanbaufläche von 400 $m^2$ zur Verfügung. $\frac{2}{3}$ dieser Fläche werden mit Tomaten bepflanzt, auf dem Rest sollen Salatgurken angebaut werden.

   Berechnen Sie die mögliche Anbaufläche von Gurken.

10. In einem Garten steht ein Wasserbecken mit einem Volumen von $\frac{3}{5}$ $m^3$. Es ist innen $1\frac{1}{5}$ m lang und $\frac{3}{4}$ m breit.
    Welche Höhe hat das Wasserbecken?

11. Bei der Eröffnung eines Gartencenters können potenzielle Kunden ein Glas Wein trinken. Der Inhaber hat ein 225-Liter-Fass gekauft. Dieses ist nach drei Stunden nur noch zu $\frac{1}{3}$ gefüllt. Der Auszubildende soll im Weingroßhandel nachbestellen.

    Berechnen Sie die Weinmenge, die der Auszubildende bestellen muss, wenn die Veranstaltung noch weitere vier Stunden dauert und mit der gleichen Nachfrage gerechnet werden muss.

## 12.4 Verwandeln von Brüchen in Dezimalzahlen

Das Rechnen mit Dezimalzahlen ermöglicht eine bessere Vorstellung der Größen, wogegen das Rechnen mit Brüchen oftmals genauer ist.

Um echte und unechte Brüche in Dezimalbrüche zu verwandeln, dividiert man den Zähler durch den Nenner.

$$\frac{7}{5} = 7 : 5 = 1{,}4$$

$$\frac{9}{13} = 9 : 13 = 0{,}6923$$

Bei den Dezimalzahlen unterscheidet man:

a) endliche Dezimalzahlen, z. B. 0,25; 3,75; 14,075

b) unendliche Dezimalzahlen:
0,141414 ... periodische Dezimalzahl
3,1415926 ... nicht periodische Dezimalzahl (z. B. π)

Dezimalzahlen lassen sich in Brüche umwandeln, indem man in den Nenner eine Zehnerpotenz schreibt, die so viele Nullen hat, wie Stellen nach dem Komma stehen.

**Beispiele:**

a) $0{,}3 = \frac{3}{10}$ b) $0{,}04 = \frac{4}{100}$ c) $1{,}375 = 1\frac{375}{1\,000}$

### Aufgaben:

1. Wandeln Sie in Dezimalbrüche um.

a) $\frac{1}{2}; \frac{3}{4}; \frac{2}{5}; \frac{3}{8}; \frac{7}{10}; \frac{9}{20}; \frac{8}{25}; \frac{3}{40}; \frac{13}{50}; \frac{17}{100}; \frac{3}{200}; \frac{1}{250}; \frac{7}{250}; \frac{1}{500}; \frac{9}{500}$

b) $\frac{2}{3}; \frac{5}{6}; \frac{12}{7}; \frac{4}{9}; \frac{8}{11}; \frac{6}{13}; \frac{15}{14}; \frac{2}{15}; \frac{3}{16}; \frac{7}{17}; \frac{11}{18}; \frac{9}{19}; \frac{5}{24}; \frac{8}{27}; \frac{13}{30}$

2. Wandeln Sie in Brüche um.

| | | | |
|---|---|---|---|
| a) 0,50 | b) 0,25 | c) 0,05 | d) 0,125 |
| e) 1,375 | f) 2,75 | g) 1,04 | h) 3,15 |
| i) 25,4 | k) 0,004 | l) 5,08 | m) 4,875 |

# 13 Düngung

## 13.1 Mineraldüngung

Um betriebswirtschaftlich optimal und gleichzeitig umweltverträglich Boden bewirtschaften zu können, ist es notwendig, die Düngung an den Bedarf der Pflanzen und den vorhandenen Bodenvorrat anzupassen. Voraussetzung dafür sind die Kenntnis der vorhandenen Bodennährstoffe durch Bodenproben sowie die Nährstoffanforderungen der jeweiligen Kulturpflanzen.

In einer Düngeranweisung für Gemüsebau werden bei hoher Nährstoffversorgung des Bodens folgende Reinnährstoffmengen je ha empfohlen:

| Gemüseart | erwarteter Ertrag dt/ha | Nährstoffbedarf zur Erzeugung des erwarteten Ertrages kg/ha | | |
|---|---|---|---|---|
| | | N | $P_2O_5$ | $K_2O$ |
| Weißkohl | 500 | 240 | 65 | 280 |
| Blumenkohl | 300 | 255 | 80 | 250 |
| Knollensellerie | 500 | 240 | 115 | 435 |
| Tomaten | 1000 | 300 | 70 | 460 |
| Porree | 500 | 235 | 65 | 275 |

| Gemüseart | erwarteter Ertrag dt/ha | Nährstoffbedarf zur Erzeugung des erwarteten Ertrages kg/ha | | |
|---|---|---|---|---|
| | | N | $P_2O_5$ | $K_2O$ |
| Möhren (Lager) | 700 | 200 | 90 | 400 |
| Rettich | 500 | 115 | 50 | 250 |
| Gurken (Freiland) | 400 | 190 | 65 | 220 |
| Gurken (Haus) | 3000 | 470 | 250 | 700 |
| Zwiebeln | 500 | 125 | 50 | 160 |
| Buschbohnen | 120 | 135 | 35 | 150 |
| Kopfsalat | 300 | 115 | 30 | 150 |

Die angegebenen Reinnährstoffmengen müssen in Düngemittel umgerechnet werden. Wenn beispielsweise im Kalimagnesia 30 % $K_2O$ enthalten sind, so bedeutet dies, dass 100 kg Düngemittel 30 kg $K_2O$ enthalten. Wird ein Mehrnährstoffdünger verwendet, so ist derjenige auszuwählen, der im Närhstoffverhältnis einigermaßen dem Nährstoffbedarf der Pflanzen entspricht. Der Düngerbedarf wird über den Stickstoff ermittelt.

Die tatsächlich zu verabreichenden Mengen an $P_2O_5$ und $K_2O$ sind aber auch vom Nährstoffgehalt des Bodens abhängig, der bei Bodenuntersuchungen festgestellt wird.

Es gilt folgende Regel:

| Nährstoffgehaltsklasse | normale Nährstoffmenge mal |
|---|---|
| niedrig | 2,0 |
| mittel | 1,5 |
| hoch | 1,0 |
| sehr hoch | 0,5 |
| extrem hoch | 0,0 |

**Beispiel 1:**

1 dt Superphosphat mit 26 % $P_2O_5$ kostet 45,90 €.
Sie können davon ableiten, dass 26 kg $P_2O_5$ 27,00 € kosten.

Zu berechnen ist der Preis für 1 kg Reinnährstoff.

1 kg Reinnährstoff kostet $\frac{45{,}90\ €}{26} = 1{,}76\ €$

**Beispiel 2:**

Wie viel Kalkammonsalpeter (27,5 % N) muss auf 300 m² Tomatenfläche gestreut werden, wenn laut Tabelle je Ar 2,0 kg N verarbeitet werden?

a) Reinnährstoffbedarf für 300 m² = 3 a
$2{,}0\ \text{kg} \cdot 3 = 6{,}0\ \text{kg}$

b) Düngerbedarf für 3 a

**Mit Formelgleichung:**

$$\text{Düngerbedarf in kg} = \frac{\text{Reinnährstoffbedarf in kg}}{\text{Reinnährstoffe in kg je kg Düngemittel}}$$

$$= \frac{6{,}0\ \text{kg}}{0{,}275} = 21{,}82\ \text{kg}$$

**Mit Dreisatz:**

$$27{,}5\ \% \triangleq 6{,}0\ \text{kg}$$

$$1{,}0\ \% \triangleq \frac{6{,}0\ \text{kg}}{27{,}5}$$

$$100{,}0\ \% \triangleq \frac{6{,}0\ \text{kg} \cdot 100}{27{,}5} = 21{,}82\ \text{kg}$$

Im Zierpflanzenbau wird der Nährstoffbedarf in mg je 100 ml Boden angegeben. Im Freiland geht man dabei von einer Bodentiefe von 20 cm aus, sodass je m² Nährstoffe für 0,2 m³ bzw. 200 l Boden bereitzustellen sind.

Die Nährstoffwerte bei Bodenanalysen gelten in mg je 100 g Boden.

**Beispiel 3:**

In einer Tabelle wird für Rosen ein Stickstoffbedarf von 12 mg je 100 ml Boden angegeben.

Wie viel Gramm Kalkammonsalpeter (27,5 %) sind je m² zu verabreichen?

Bedarf an Reinstickstoff je m²:

| | | |
|---|---|---|
| 100 ml Boden | ≙ | 12 mg N |
| 1 000 ml = 1 l Boden T | ≙ | 120 mg = 0,12 g N |
| 200 l Boden | ≙ | 24 g |

Bedarf an Kalkammonsalpeter:

$$27{,}5\ \% \triangleq 24\ \text{g}$$

$$1{,}0\ \% \triangleq \frac{24\ \text{g}}{27{,}5}$$

$$100{,}0\ \% \triangleq \frac{24\ \text{g} \cdot 100}{27{,}5} = 87{,}3\ \text{g}$$

## Handelsdünger zum Streuen

Preise für gesackte Ware ab Lagerhaus einschließlich Mehrwertsteuer:

| Düngersorte | %-Gehalt | €/dt |
|---|---|---|
| Stickstoffdünger | | |
| Kalkammonsalpeter | 27,0 | 56,00 |
| Ammonsulfatsalpeter | 26,0 | 57,00 |
| Schwefelsaures Ammoniak | 21,0 | 53,50 |
| Harnstoff | 46,0 | 58,00 |
| Kalkstickstoff | 19,8 | 86,00 |
| Phosphatdünger | | |
| Superphosphat | 26,0 | 45,90 |
| Naturphosphat 26 | 26,0 | 45,50 |
| Kalidünger | | |
| Kornkali mit MgO | 40/6 | 36,50 |
| Kalimagnesia | 30/10 | 39,20 |
| Kalisulfat | 50 | 56,60 |
| Mehrnährstoffdünger | | |
| Volldünger | 13/13/21 | 60,00 |
| Volldünger | 12/12/17/2 | 60,90 |
| Volldünger | 15/15/15 | 57,80 |
| Ammonphosphat | 18/46 | 51,30 |
| Phosphatkali | 15/20 | 47,60 |
| Hyperphoskali | 12/24 | 45,00 |
| Thomaskali | 10/15 | 43,40 |
| Langzeitdünger | | |
| Osmocote | 12/11/17/2 Sp. | 63,36 €/25 kg |
| Osmocote | 18/10/12/2 Sp. | 87,36 €/25 kg |
| Floranid permanent | 15/9/15/2 | 37,00 €/25 kg |
| Rasendünger | 15/5/8/3 | 16,49 €/15 kg |
| Hakaphos | 20/5/10/2 | 30,85 €/25 kg |

## Aufgaben:

1. Berechnen Sie für die in vorstehender Tabelle aufgeführten Einzelnährstoffdünger den Preis für 1 kg Reinnährstoff und vergleichen Sie.

2. In einem Gärtnereibetrieb sollen schwefelsaures Ammoniak, Superphosphat und Kornkali mit MgO gemischt werden. Der fertige Mischdünger soll so viele Nährstoffe enthalten, dass er 1 dt Volldünger 12/12/17/2 entspricht.

   Wie viel Kilogramm sind von jedem Einzelnährstoffdünger bereitzustellen? Vergleichen Sie auch die Kosten.

3. Wie viel Kilogramm an Kalkstickstoff (19,8 %), Naturphosphat (26 %) und Kali (40 %) sind zu mischen, wenn der fertige Mischdünger 1 dt Volldünger 15/5/20 entsprechen soll? Berechnen Sie den Nährstoffgehalt des Gemisches in Prozent.

4. Berechnen Sie bei einigen Gemüsearten den Handelsdüngerbedarf je a, wenn Kalkammonsalpeter (27,5 %), Superphosphat (26 %) und Kalimagnesia (30 %) gestreut werden sollen (Bedarfszahlen siehe Seite 100).

   Gehen Sie dabei von der Voraussetzung aus, dass bei $P_2O_5$ und $K_2O$ die Nährstoffversorgung des Bodens

   a) mittel,
   b) hoch und
   c) sehr hoch ist.

5. Ein rechteckiges Gemüsefeld ist 74 m lang und 32 m breit. Je ha werden an Reinnährstoffmengen verabreicht: 175 kg N, 60 kg $P_2O_5$, 200 kg $K_2O$.

   Welche Mengen an schwefelsaurem Ammoniak (21 %), Superphosphat (26 %) und Kalimagnesia (30 %) werden benötigt?

6. Ein Gärtner düngt je ha 125 kg N, 100 kg $P_2O_5$ und 200 kg $K_2O$. Das trapezförmige Feld ist auf einer Seite 115 m und auf der gegenüberliegenden Seite 63 m lang. Die Breite beträgt 68 m.

   a) Berechnen Sie den Bedarf an Kalkstickstoff (19,8 %), Naturphosphat (26 %) und Kalisulfat (50%) je ha und für das ganze Feld.

   b) Wie hoch sind die Düngerkosten je ha?

7. In einer Baumschule werden jährlich je m2 an Düngermengen gegeben:
   10 g N in Form von Kalkammonsalpeter (27,5 % N)
   5 g $P_2O_5$ in Form von Superphosphat (26 % $P_2O_5$)
   15 g $K_2O$ in Form von Kalimagnesia (30 % $K_2O$)

   a) Welchen Reinnährstoffmengen in kg/ha und kg/a entspricht dies?
   b) Welche Düngermengen müssen je ha gestreut werden?

8. Zur Herstellung eines Torfkultursubstrates werden je $m^3$ Torf 500 g N, 500 g $P_2O_5$ und 800 g $K_2O$ beigemischt.

   Berechnen Sie den Bedarf an Ammonsulfatsalpeter (26 %), Superphosphat (26 %) und Kalimagnesia (30 %), wenn 5 Ballen Torf (0,17 $m^3$ je Ballen) verarbeitet werden.

9. Ein Gartenbaubetrieb will 14 000 Cyclamen eintopfen. Dazu ist ein Substrat aus Torf und 1,5 kg Mehrnährstoffdünger mit Spurenelementen je $m^3$ gepressten Torf nötig.

   a) Wie viele Ballen Torf sind erforderlich, wenn ein Ballen ein Volumen von 170 $dm^3$ hat, der aufgelockerte Torf das doppelte Volumen ergibt und für jede Pflanze 500 $cm^3$ Substrat gerechnet werden?

   b) Wie viel Kilogramm Mehrnährstoffdünger sind bereitzustellen?

10. Auf einem 118 m langen und 72 m breiten Gemüsefeld wurden verabreicht:
    3,5 dt Kalkstickstoff (19,8 %), 3,75 dt Naturphosphat (26 %) und 2,5 dt Kalisulfat (50,0 %).

    Welche Reinnährstoffmengen in kg wurden für das Feld und je ha gegeben?

11. Bei einer Bodenuntersuchung werden 14 mg $K_2O$ in 100 g Boden festgestellt. Der Bedarf an $K_2O$ beträgt jedoch 24 mg $K_2O$ je 100 g Boden.

    a) Wie viel Kaliumoxid muss auf einer Fläche von 1 850 $m^2$ gegeben werden, wenn mit einer Krumentiefe von 20 cm gerechnet wird und 1 l Boden 1,1 kg wiegt?

    b) Welche Menge Kalimagnesia (30 %) entspricht diesem Düngerbedarf?

12. Eine Substratuntersuchung ergibt 12 mg $P_2O_5$ je 100 ml Boden. Für Pelargonien ist jedoch ein $P_2O_5$-Gehalt von 30 mg je 100 ml Boden erforderlich.

    a) Wie viel Phosphorpentoxid muss auf 4 $m^3$ Substrat nachgedüngt werden?
    b) Welche Menge an Superphosphat (26 %) ist erforderlich?

13. Für 15 000 Gloxinien wird ein Torfkultursubstrat (TKS) hergestellt. Die Töpfe haben einen Innendurchmesser oben von 12 cm und unten von 8 cm. Sie sind 10 cm hoch. Je 100 ml Substrat werden 16 mg N, 42 mg $P_2O_5$ und 65 mg $K_2O$, und zwar in Form von Ammonsulfatsalpeter (26 %), Superphosphat (26 %) und schwefelsaurem Kali (50 %) zugesetzt.

    a) Berechnen Sie das Volumen des benötigten Substrates.
    b) Wie viel Kilogramm an Reinnährstoffen sind erforderlich?
    c) Wie viel Kilogramm müssen von den einzelnen Düngern jeweils beigemischt werden?

14. 5 000 Cyclamen erhalten eine Düngung, bestehend aus 4 mg N, 11 mg $P_2O_5$ und 12 mg $K_2O$ je 100 ml Boden. Maße der Rundtöpfe: Innendurchmesser oben 11 cm, unten 6 cm, Höhe 11 cm.

    Wie viel Kilogramm an schwefelsaurem Ammoniak (21 %), Superphosphat (26 %) und Kalimagnesia (30 %) sind erforderlich?

15. Bei einer Erduntersuchung werden folgende Werte ermittelt: 10 mg N, 45 mg $P_2O_5$ und 75 mg $K_2O$ je 100 g Erdmischung. Mithilfe eines Langzeitdüngers sollen die Nährstoffwerte verbessert werden. Der Mehrnährstoffdünger enthält 18 % N, 6 % $P_2O_5$ und 14 % $K_2O$.

    a) Wie viel Kilogramm des Langzeitdüngers müssen auf 1 $m^3$ Erdgemisch gegeben werden, um den Stickstoffgehalt auf 40 mg je 100 g Erde zu bringen? Dichte der Erde 0,9 $kg/dm^3$.

    b) Welche Nährstoffwerte werden durch diese Düngergabe bei $P_2O_5$ und $K_2O$ erreicht?

16. An Reinnährstoffen sind in einem Liter Torfkultursubstrat enthalten: N 180 mg, $P_2O_5$ 180 mg, $K_2O$ 255 mg.

    a) Wie viel Gramm Reinnährstoffe sind in einem $m^3$ TKS enthalten?

    b) Wie viel Kilogramm Hornspäne (14 % N), Superphosphat (26 % $P_2O_5$) und Kalimagnesia (30 % $K_2O$) müssen Sie einem $m^3$ Torf zusetzen, wenn Sie ein gleichwertiges Torfkultursubstrat herstellen wollen?

*Der pH-Wert des Torfes schwankt zwischen 3,2 und 3,7. Wird ein Torfkultursubstrat hergestellt, ist jedoch ein pH-Wert von 5,5 (bei hartem Gießwasser) bis 6,0 (bei weichem Gießwasser) erforderlich. Durch Zusatz von 1 g kohlensaurem Kalk je l aufgelockerten Torf erhöht sich der pH-Wert um 0,5–0,7.*

17. Aus Torf soll ein Kultursubstrat mit einem pH-Wert von 5,8 hergestellt werden. Der pH-Wert des Torfes beträgt 3,5. Durch Zusatz von 1 g kohlensaurem Kalk je Liter Torf erhöht sich der pH-Wert um 0,6.

    Berechnen Sie den Bedarf an kohlensaurem Kalk, wenn 2,5 $m^3$ Kultursubstrat benötigt werden.

18. Rechnen Sie wie bei Aufgabe 17.

    pH-Wert des Torfes 3,3; erforderlicher pH-Wert des TKS 5,9; 1 g kohlensaurer Kalk je l Torf erhöht den pH-Wert um 0,7; 1,75 $m^3$ TKS werden benötigt.

## 13.2 Düngerlösungen

Flüssige Düngemittel werden ebenso wie Pflanzenbehandlungs- und Desinfektionsmittel in konzentrierter Form angeboten. Sie dürfen jedoch nur in verdünnten Lösungen angewendet werden. Damit die optimale Wirkung erzielt und die Umwelt nicht gefährdet wird, muss das Mischungsverhältnis stimmen.

### Konzentration bei Flüssigdüngern

| Nährstoffbedarf | Konzentration |
|---|---|
| niedrig | 0,4–0,6 ‰ |
| mittel | 1,0–2,0 ‰ |
| hoch | 3,0–5,0 ‰ |

**Beispiel:**

Wie viel Gramm Volldünger 12/12/17/2 sind erforderlich, wenn 250 l einer Düngerlösung mit einer Konzentration von 3,5 ‰ benötigt werden?

$$1000\ ‰ \triangleq 250{,}00\ \text{kg}$$
$$1\ ‰ \triangleq 0{,}25\ \text{kg}$$
$$3{,}5\ ‰ \triangleq 0{,}25\ \text{kg} \cdot 3{,}5 = 0{,}875\ \text{kg} = \underline{\underline{875\ \text{g}}}$$

Werden zwei Komponenten gemischt, siehe Kapitel 8.3.

### Handelsdünger für Flüssigdüngung

| Düngersorte | | %-Gehalt | Preis |
|---|---|---|---|
| Vollwasserlösliche Spezialdünger für den Gartenbau | | | |
| Volldünger mit MgO und Spurenelementen | | 20/5/10/2 | 23,95 €/25 kg-Sack |
| Volldünger mit MgO und Spurenelementen | | 15/11/15/1 | 23,10 €/25 kg-Sack |
| Volldünger mit MgO und Spurenelementen | | 8/15/24/2 | 24,50 €/25 kg-Sack |
| NP-Dünger | | 12/60/0 | 30,20 €/10 kg-Eimer |
| PK-Dünger | | 0/52/34 | 50,15 €/10 kg-Eimer |
| Flüssige Spezialdünger | Dichte kg/l | | |
| N-Dünger | 1,26 | 27 | 23,24 €/20 l |
| P-Dünger | 1,20 | 20 | 33,53 €/20 l |
| K-Dünger | 1,20 | 20 | 30,83 €/20 l |
| NPK-Dünger | 1,20 | 6/12/6 | 26,30 €/20 l |
| NPK-Dünger mit Spurenelementen | 1,19 | 15/4/7 | 26,00 €/20 l |

## Aufgaben:

1. Aus einem vollwasserlöslichen Spezialdünger 20/5/10/2 werden 50 l 16 %iger Stammlösung hergestellt. Diese Stammlösung wird zum Gießen auf eine Konzentration von 1,5 ‰ verdünnt.
   a) Wie viel Spezialdünger ist für 50 l Stammlösung erforderlich?
   b) Zum Gießen werden 100 l Lösung benötigt. In welchem Verhältnis ist zu mischen?
   c) Berechnen Sie die Düngerkosten für 100 l Gießlösung (Preis siehe Tabelle).

2. a) Berechnen Sie für die flüssigen Spezialdünger (siehe Tabelle), wie viel Kilogramm Reinnährstoffe jeweils in einem 20-l-Kanister enthalten sind.
   b) Wie viel kostet bei den flüssigen Einzelnährstoffdüngern 1 kg Reinnährstoff?
   c) Für wie viel Liter Gießlösung reicht ein Kanister Flüssigdünger, wenn auf eine Konzentration von 2 ‰ verdünnt wird?

3. Berechnen Sie die fehlenden Werte.

| | a) | b) | c) | d) | e) | f) |
|---|---|---|---|---|---|---|
| Lösung in l | 80 | ? | 300 | 175 | ? | 320 |
| Konzentration in ‰ | 4,0 | 2,5 | ? | 3,2 | 2,8 | ? |
| Dünger in g | ? | 100 | 450 | ? | 70 | 1 472 |

4. Für 3 500 Begonia-Elatior-Hybriden wird eine Düngerlösung aus Hakaphos 8/12/24 mit einer Konzentration von 2,5 ‰ hergestellt.

   Topfmaße: Innendurchmesser oben 12 cm, unten 7 cm, Höhe 11 cm.

   Reinnährstoffbedarf: 3 mg N, 4,5 mg $P_2O_5$, 7 mg $K_2O$ je 100 ml Boden.

   a) Berechnen Sie das Volumen des zu düngenden Substrates.
   b) Welche Reinnährstoffmengen in g sind erforderlich?
   c) Wie viel Kilogramm Hakaphos werden benötigt, um den Stickstoffbedarf zu decken?
   d) Wie viel Liter Düngerlösung sind herzurichten?
   e) Berechnen Sie, wie viel Milliliter der Düngerlösung dann je Pflanze verwendet werden.
   f) Entspricht das Nährstoffverhältnis im Hakaphos dem tatsächlichen Nährstoffbedarf?

5. 800 Chrysanthemen erhalten eine Düngerlösung mit einer Konzentration von 4,5 ‰ aus Volldünger 6/20/30. Es sollen verabreicht werden: 3 mg N, 10 mg $P_2O_5$ und 15 mg $K_2O$ je 100 ml Boden.
Maße der Töpfe: Innendurchmesser oben 14 cm, unten 8 cm, Höhe 13 cm.
Berechnen Sie

a) das Volumen des zu düngenden Substrates,
b) den Bedarf an Reinnährstoffen,
c) wie viel Dünger bereitzustellen ist,
d) den Bedarf an Düngerlösung insgesamt und je Topf.

6. Ein zylindrisches Hydrokulturgefäß hat einen Durchmesser von 80 cm. Es wird 11 cm hoch mit einer 0,6 %igen Düngerlösung gefüllt.

a) Wie viel Liter Düngerlösung waren erforderlich?
b) Wie viel Gramm Düngesalz wurden aufgelöst?

7. 1 200 Cyclamen werden mit einer 0,3 %igen Düngerlösung gedüngt. Je Topf werden 60 ml verabreicht.

Wie viel Gramm Handelsdünger müssen aufgelöst werden?

8. a) 3,5 l einer Düngerstammlösung mit 6,75 % sollen durch Zusatz von Wasser auf 2,5 ‰ verdünnt werden. Wie viel Liter Wasser werden benötigt?

b) 12 l einer 3,25 %igen Lösung sollen mit einer 0,25 %igen Lösung auf eine Konzentration von 1,25 % verdünnt werden. Berechnen Sie den Bedarf an 0,25 %iger Lösung.

9. a) Es werden 75 l einer Lösung mit 0,65 % Konzentration benötigt. Gemischt wird eine Lösung mit 0,25 % und eine Lösung mit 3,5 %. Wie viel Liter sind von den beiden Lösungen bereitzustellen?

b) Aus einer 20 %igen Stammlösung sind durch Wasserzugabe 50 l einer Lösung mit einer Konzentration von 0,3 % herzustellen. Wie viel Liter Wasser und wie viel Liter Stammlösung werden benötigt?

10. a) 3 l einer 25 %igen Düngerstammlösung werden mit 180 l Wasser gemischt. Welche Konzentration in Prozent hat die Mischung?

b) 2,5 l einer 15 %igen Düngerstammlösung werden mit 120 l einer Lösung mit 0,2 % gemischt. Berechnen Sie für die Mischung die Konzentration in Prozent.

## 13.3 Organische Dünger

Organischer Dünger tierischen oder pflanzlichen Ursprungs liefert nicht nur Nährstoffe, sondern verbessert das Bodenleben entscheidend. Voraussetzung für die Nährstoffbereitstellung sind umfangreiche Umsetzungsprozesse im Boden. Deshalb wird organischer Dünger meist als langsam fließende Nährstoffquelle bezeichnet.

Der Wert der organischen Dünger liegt vor allem darin, dass sie den Boden mit humusbildenden Substanzen anreichern. In den folgenden Aufgaben wird jedoch vorwiegend mit den in den organischen Düngern enthaltenen Pflanzennährstoffen gerechnet.

Nährstoffgehalt organischer Dünger in %:

| | N | $P_2O_5$ | $K_2O$ | CaO | MgO |
|---|---|---|---|---|---|
| verrotteter Rindermist | 0,50–0,75 | 0,25–0,35 | 0,65–0,75 | 0,60–0,80 | 0,18–0,22 |
| verrotteter Pferdemist | 0,55–0,75 | 0,25–0,35 | 0,60–0,65 | 0,28–0,32 | 0,16–0,20 |
| verrotteter Schafmist | 0,80–0,90 | 0,30–0,35 | 0,75–0,85 | 0,33–0,37 | 0,18–0,22 |
| Kompost | 0,25–0,35 | 0,15–0,70 | 0,15–0,30 | 0,60–2,00 | 0,03–0,10 |

### Aufgaben:

1. Welche Nährstoffmengen in kg sind in einer Fuhre verrotteten Rindermist mit 2,5 t enthalten?

   Entnehmen Sie Prozentgehalte obiger Tabelle und bilden Sie jeweils den Mittelwert.

2. Ein Komposthaufen aus Erd- und Pflanzenabfällen hat den gezeigten Querschnitt und eine mittlere Länge von 4,75 m.

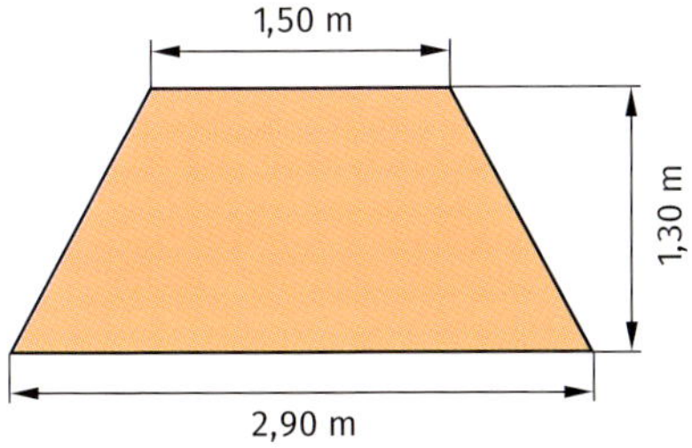


   a) Berechnen Sie die Masse des Komposthaufens, wenn die Dichte 0,95 t/m³ beträgt.

   b) Der Nährstoffgehalt wird mit 0,35 % N, 0,25 % $P_2O_5$ und 0,12 % $K_2O$ angegeben. Welche Mengen an Nährstoffen sind im Kompost enthalten?

3. Ein Gärtnereibetrieb kauft einen rechteckig gestapelten Haufen verrotteten Pferdemist. Der Haufen ist 3,8 m lang, 2,60 m breit und 1,90 m hoch.

   a) Welche Masse in dt hat der Dünger, wenn 1 $dm^3$ 0,9 kg wiegt?

   b) Berechnen Sie die enthaltenen Nährstoffmengen, wenn der Nährstoffgehalt 0,65 % N, 0,30 % $P_2O_5$, 0,63 % $K_2O$, 0,28 % CaO und 0,19 % MgO beträgt.

   c) Welche Fläche kann gedüngt werden, wenn je a 5 dt zu verabreichen sind?

   d) Welche Nährstoffmengen in g werden dabei je m2 verabreicht?

4. Dieser Komposthaufen ist 0,9 m hoch und soll mit 1,5 kg Branntkalk je $m^3$ angereichert werden.

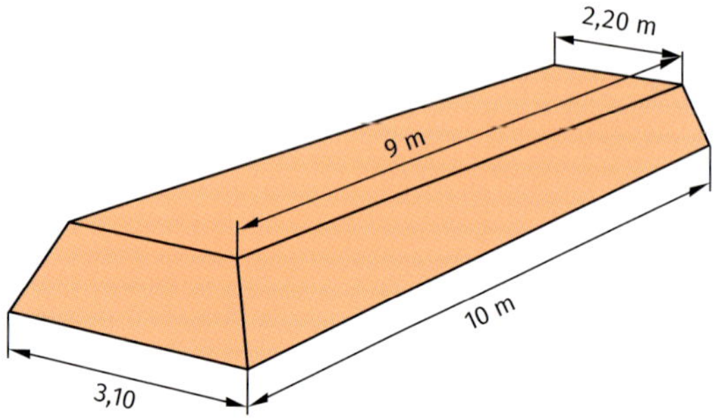


Berechnen Sie den Kalkbedarf.

5. Ein Gärtner will in einem Gewächshaus von 600 $m^2$ Nutzfläche je ha 500 dt abgelagerten Stallmist ausbringen.

   a) Welche Reinnährstoffmengen führt er dort zu, wenn der Närhstoffgehalt des Stallmistes 0,5 % N, 0,25 % $P_2O_5$ und 0,65 % $K_2O$ beträgt?

   b) Wie viel Nährstoff steht den Pflanzen zur Verfügung, wenn die Freisetzungsrate im ersten Jahr bei Stickstoff und Phosphor jeweils 40 % und bei Kali 60 % beträgt?

   c) Edelnelken werden in das Gewächshaus gepflanzt. Diese haben im Jahr einen Nährstoffbedarf von 7 g N, 5 g $P_2O_5$ und 14 g $K_2O$ je $m^2$.
   Welche Reinnährstoffmengen müssen noch in Form von Handelsdüngern verabreicht werden?

   d) Stallmist enthält 20 % organische Substanz. Reicht die organische Substanz aus, um den Abbau von 40 dt/ha auszugleichen?

   e) Wie viele Ballen Torf zu je 50 kg sind für die 600 $m^2$ Nutzfläche erforderlich, wenn der Abbau an organischer Substanz durch Torf (50 % organische Substanz) ersetzt werden soll?

# 14 Pflanzung, Saatgutbedarf

## 14.1 Pflanzenbedarf

Der optimale Pflanzenabstand zwischen den Reihen und in der Reihe ist u.a. eine Voraussetzung für eine hohe fotosynthetische Leistung, nicht nur im Hinblick auf die Lichtverhältnisse, sondern auch auf die maximal mögliche Wasseraufnahme der Pflanze. Aus diesen Verhältnissen kann der Pflanzenbedarf pro Flächeneinheit berechnet werden.

Pflanzverbände bei verschiedenen Gemüsearten:

| Gemüseart | Pflanzabstand in cm |
|---|---|
| Gurken | 120 · 30 |
| Blumenkohl | 60 · 70 |
| Rotkohl | 40 · 60 |
| Weißkohl | 50 · 60 |
| Kohlrabi | 30 · 30 |
| Porree | 40 · 15 |
| Kopfsalat | 30 · 25 |
| Tomaten | 100 · 33 |
| Sellerie | 50 · 40 |
| Zwiebeln | 24 · 12 |

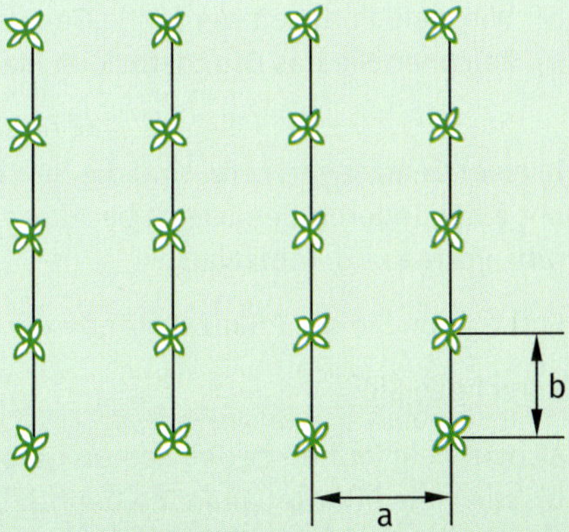


a = Reihenabstand
b = Abstand in der Reihe

**Beispiel:**

Knollen-Sellerie wird im Abstand von 60 cm · 40 cm gepflanzt.

Wie viele Pflanzen werden für ein Grundstück benötigt, das 12 m breit und 18 m lang ist?

Lösung a)

$$\text{Zahl der Pflanzen} = \frac{\text{Gesamtfläche}}{\text{Standraum einer Pflanze}} = \frac{18\text{ m} \cdot 12\text{ m}}{0{,}6\text{ m} \cdot 0{,}4\text{ m}} = \underline{\underline{900}}$$

Lösung b)

$$\text{Zahl der Reihen} = \frac{\text{Feldbreite}}{\text{Reihenabstand}} = \frac{12\text{ m}}{0{,}6\text{ m}} = 20$$

$$\text{Pflanzen je Reihe} = \frac{\text{Feldlänge}}{\text{Abstand in der Reihe}} = \frac{18\text{ m}}{0{,}4\text{ m}} = 45$$

$$\text{Pflanzenbedarf} = \text{Zahl der Reihen} \cdot \text{Pflanzen je Reihe} = 20 \cdot 45 = \underline{\underline{900}}$$

## Aufgaben:

1. Berechnen Sie den Bedarf an Pflanzen für ein Ar bei den in vorstehender Tabelle angegebenen Gemüsearten.

2. Auf einer 20 m breiten Fläche werden 150 m² mit Weißkohl, 144 m² mit Rotkohl, 180 m² mit Kohlrabi und 150 m² mit Kopfsalat bepflanzt.

   a) Wie viele Pflanzen werden je Gemüseart benötigt (Pflanzabstände siehe Tabelle).
   b) Zeichnen Sie das Grundstück im Maßstab 1 : 200 oder 1 : 400 und teilen Sie ein.

3. In einer Gemüsegärtnerei sind die Beete 1,20 m breit und 20 m lang. Jedes der 7 Beete wird mit einer anderen Gemüseart bepflanzt: mit Gurken, Blumenkohl, Rotkohl, Weißkohl, Kohlrabi, Porree und Kopfsalat.

   Entnehmen Sie die Pflanzabstände der Tabelle.

   Berechnen Sie

   a) wie viele Reihen der einzelnen Gemüsearten auf ein Beet gepflanzt werden,
   b) wie viele Pflanzen je Reihe benötigt werden,
   c) den Pflanzenbedarf bei den verschiedenen Gemüsearten.

4. Beerensträucher werden in folgenden Abständen gepflanzt:

| | |
|---|---|
| Rote Johannisbeeren | 2,0 m · 1,0 m |
| Schwarze Johannisbeeren | 2,0 m · 1,5 m |
| Himbeeren | 1,7 m · 0,6 m |

a) Berechnen Sie die notwendige Anzahl von Sträuchern/Ar.

b) Berechnen Sie die jeweiligen Kosten der Sträucher/Ar bei folgenden Preisen (einschließlich der gesetzlichen Mehrwertsteuer):
Himbeere: 4,21 €; Rote Johannisbeere: 5,19 €; Schwarze Johannisbeere: 5,31 €.

5. Eine kreisförmige Fläche von 12 m Durchmesser soll zu $\frac{1}{3}$ mit Rasen (0,95 €/m²) eingesät werden, die restlichen $\frac{2}{3}$ sind zu 55 % mit Tagetes-Patula-Hybriden (Pflanzabstand 20 cm · 20 cm; Stückpreis 0,70 €), zu 30 % mit Antirrhinum majus (40 Stück/m²; 0,25 €/Stück) und zu 15 % mit Nicotiana alata (50 cm · 50 cm; 1,25 €/Stück) zu bepflanzen.

Für 2 Arbeitskräfte fallen je 6 Arbeitsstunden an. Die Arbeitskosten betragen 22,00 € je Stunde.

Berechnen Sie

a) alle Saat- und Pflanzflächen,
b) den Pflanzenbedarf,
c) die Kosten für die gesamte Anlage.

6. In einem Garten wird ein Rundbeet mit 2,4 m Durchmesser angelegt. Dieses Rundbeet soll 10 cm vom Rand entfernt mit Salvien und mit einem weiteren Abstand von 20 cm mit Zinnien bepflanzt werden. Der Abstand innerhalb der Reihen beträgt 18 cm.

Die erforderliche Zahl der Pflanzen ist zu berechnen.

7. Der innere Umfang eines ringförmigen Rasenbeetes beträgt 9,42 m. Es ist 1,00 m breit. Auf der Innenfläche werden Blumen gepflanzt, der Kreisring wird mit Rasengräsern besät.

a) Stellen Sie fest, wie viel Gramm Rasensamen benötigt werden, wenn je m² 45 g gesät werden.

b) Wie viel Blumenpflanzen sind erforderlich, wenn je m² 25 Stück gepflanzt werden?

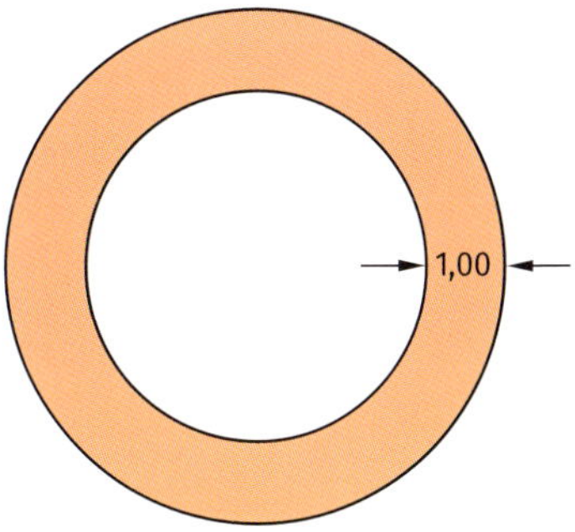

8. In einer Parkanlage wird ein ellipsenförmiges Rosenbeet angelegt.

Wie viel kosten die benötigten Rosenstöcke, wenn der Pflanzabstand 45 cm · 45 cm beträgt und je Rosenpflanze 5,20 € zu zahlen sind?

$\overline{AB} = 6{,}5$ m, $\overline{CD} = 4{,}4$ m

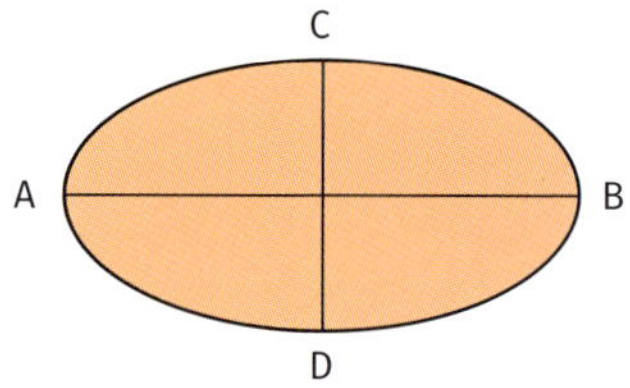


9. Eine 9 m lange und 2 m breite Fläche wird mit Floribundarosen bepflanzt.

a) Wie viele Rosenstöcke sind erforderlich, wenn der Pflanzabstand 45 cm · 50 cm beträgt?

b) Berechnen Sie auch die Kosten für die Pflanzen, wenn 1 Rosenstock 4,90 € kostet.

10. Eine 21 m breite und 33 m lange Fläche wird im Abstand von 30 cm · 60 cm mit Erdbeeren bepflanzt.

Berechnen Sie die Kosten, wenn für 25 Pflanzen 16,95 € bezahlt werden mussten.

11. Wie viele Apfel-Hochstämme kann man im Abstand von 8 m · 10 m auf einer 96 m langen und 70 m breiten Fläche pflanzen?

12. 18 Blumenkästen werden mit Geranien (1,80 €/Stück), Hängegeranien (1,95 €/Stück), Pantoffelblumen (2,45 €/Stück) und Petunien (0,80 €/Stück) im Verhältnis 2 : 1 : 1 : 1 bepflanzt. Der Abstand zwischen den Pflanzen beträgt 17 cm.

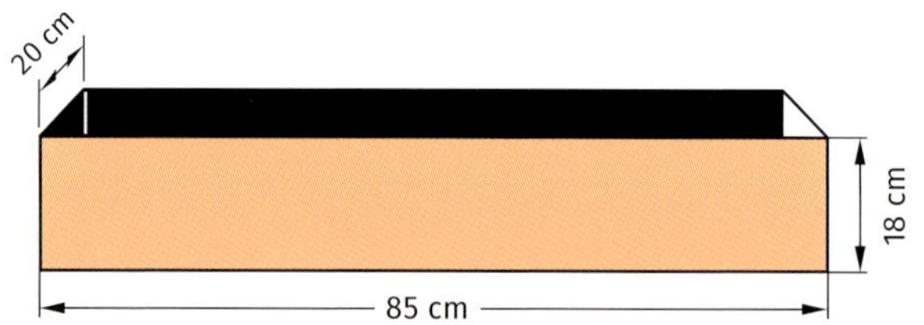


a) Berechnen Sie die Kosten der Blumenpflanzen für einen Blumenkasten bzw. für alle 18 Blumenkästen.

b) Was kostet die Blumenerde für alle Blumenkästen, wenn jeder Kasten bis zu 2 cm unterhalb des Randes aufgefüllt wird und für 10 Liter Erde 1,80 € berechnet werden?

13. Eine Fläche von 17,6 Ar soll bepflanzt werden. Die Pflanzabstände sind verschieden groß. Für ein Achtel der Fläche soll der Pflanzabstand 30 · 30 cm betragen, für die halbe Fläche 40 · 40 cm und für den Rest 50 · 50 cm.

Wie viele Pflanzen werden von jeder Art benötigt?

14. Bei Obstbäumen werden folgende Pflanzabstände in m im Quadratverband empfohlen:

| Obstart | stark wachsend | mittelstark wachsend | schwach wachsend |
|---|---|---|---|
| Apfel | | | |
| Hoch-, Halb- u. Viertelstamm | 10 | 8 | 7 |
| Buschbaum | 6 | 5 | 4 |
| Spindelbusch | 4 | 3 | 2,5 |
| Birne | | | |
| Hoch-, Halb- u. Viertelstamm | 8 | 7 | 6 |
| Buschbaum | 5 | 4 | 3 |
| Spindelbusch | 4 | 3 | 2,5 |
| Süßkirsche | 9 | 8 | 7 |
| Sauerkirsche | 6 | 5 | 4 |
| Pflaume | 8 | 7 | 6 |
| Pfirsich | 6 | 5 | 4 |

Berechnen Sie, wie viele Jungbäume je ha gekauft werden müssen.

## 14.2 Saatgutbedarf

Saatgut ist sehr teuer. Es ist daher wirtschaftlich, die Menge des benötigten Saatguts möglichst genau auszurechnen.

Unter dem Gebrauchswert versteht man den Anteil der keimfähigen Samen in Prozent vom gesamten Saatgut. Er ist abhängig von der Reinheit und der Keimfähigkeit des Saatgutes.

$$\text{Gebrauchswert} = \frac{\text{Reinheit} \cdot \text{Keimfähigkeit}}{100}$$

**Beispiel 1:**

Beträgt die Reinheit des Saatgutes 95 % und die Keimfähigkeit der Samenkörner 85 %, so ergibt sich als Gebrauchswert:

$$\frac{95 \cdot 85}{100} = \underline{\underline{80{,}75\ \%}}$$

100 g Saatgut bestehen also aus 80,75 g keimfähigen Körnern.

Der Saatgutbedarf in g oder in kg ist abhängig
- von der benötigten Pflanzenzahl,
- vom Gebrauchswert,
- vom Tausendkorngewicht (TKG).

Vom Gebrauchswert wird in der Regel ein Abschlag vorgenommen, da infolge von Auflaufkrankheiten 100 keimfähige Samen nicht immer 100 brauchbare Pflanzen ergeben. Außerdem ist es üblich, schwache Pflanzen auszusortieren.

**Beispiel 2:**

Es werden 5000 Pflanzen benötigt. Der Gebrauchswert beträgt 75 %, der Abschlag vom Gebrauchswert 10 Prozentpunkte und das Tausendkorngewicht 4,5 g.

Gebrauchswert nach Berücksichtigung des Abschlages: 75 % – 10 % = 65 %

Bedarf an Samenkörnern: 65 % ≙ 5000 Körner

$$100\ \% \mathrel{\hat{=}} \frac{5000\ \text{Körner} \cdot 100}{65} \approx 7700\ \text{Körner}$$

Masse der Samenkörner: 1000 Körner ≙ 4,5 g

7700 Körner ≙ $4{,}5\ \text{g} \cdot 7{,}7 = \underline{\underline{34{,}65\ \text{g}}}$

Diese Teilaufgaben können zusammengefasst werden. Es ergibt sich dann folgende Formel:

$$\text{Saatgutbedarf in g} = \frac{\text{Pflanzenzahl} \cdot 100 \cdot \text{TKG in g}}{(\text{Gebrauchswert} - \text{Abschlag}) \cdot 1000}$$

Ist der Saatgutbedarf in kg/ha zu berechnen, so ist diese Formel folgendermaßen zu erweitern:

$$\begin{array}{l}\text{Saatgutbedarf}\\ \text{in kg/ha}\end{array} = \frac{\text{Pflanzenanzahl je m}^2 \cdot 100 \cdot \text{TKG in g} \cdot 10000\ \text{m}^2/\text{ha}}{(\text{Gebrauchswert} - \text{Abschlag}) \cdot 1000 \cdot 1000\ \text{g/kg}}$$

Nach dem Kürzen lautet die Formel:

$$\begin{array}{l}\text{Saatgutbedarf}\\ \text{in kg/ha}\end{array} = \frac{\text{Pflanzenzahl je m}^2 \cdot \text{TKG in g}}{\text{Gebrauchswert} - \text{Abschlag}}$$

## Aufgaben:

1. Saatgut hat 92 % Reinheit und 80 % Keimfähigkeit.

   Berechnen Sie den Gebrauchswert.

2. Welchen Gebrauchswert hat das Saatgut?

| | Keimfähigkeit in % | Reinheit in % |
|---|---|---|
| a) | 82 | 96 |
| b) | 97 | 95 |
| c) | 88 | 92 |
| d) | 79 | 85 |
| e) | 95 | 84 |

3. Zinnien haben ein Tausendkorngewicht von 20 g. Die Reinheit beträgt 95 % und die Keimfähigkeit 88 %. Da nur kräftige Pflanzen verwendet werden sollen, wird der Gebrauchswert um 20 % niedriger angesetzt.

   Wie viel Gramm Samen werden benötigt, wenn 4 500 Pflanzen herangezogen werden sollen?

4. Für einen Auftrag sollen 3 200 Stück Tagetes-Patula-Hybriden herangezogen werden.

   Keimfähigkeit 78 %, Reinheit 92 %, Abschlag vom Gebrauchswert 15 %, Tausendkorngewicht 3 g.

   Berechnen Sie den Saatgutbedarf.

5. 5 000 Stiefmütterchenpflanzen werden benötigt.

   Das TKG beträgt 1,2 g, die Keimfähigkeit 82 % und die Reinheit 86 %. Vom Gebrauchswert wird ein Abschlag von 17 % gerechnet.

   Wie viel Gramm Saatgut werden benötigt?

6. Berechnen Sie den Saatgutbedarf für 1 ha Buschbohnen.

   25 Pflanzen werden je $m^2$ angestrebt, das TKG beträgt 400 g, die Keimfähigkeit 80 % und die Reinheit 98 %. Es wird vom Gebrauchswert ein Abschlag von 10 % vorgenommen.

7. a) Berechnen Sie für einige Gemüsearten den Saatgutbedarf, wenn 5 000 Pflanzen herangezogen werden sollen.

   b) Wie viele Samenkörner wiegen bei den verschiedenen Gemüsearten 1 g?

| Gemüseart | durchschn. TKG in g | Keimfähigkeit in % | Reinheit in % | Abschlag vom Gebrauchswert |
|---|---|---|---|---|
| Freilandgurken | 28,0 | 90 | 98 | 10 |
| Blume und Rosenkohl | 2,9 | 85 | 97 | 15 |
| Kohlrabi, Wirsing, Weiß- u. Rotkohl | 3,3 | 88 | 95 | 15 |
| Möhren | 1,0 | 70 | 85 | 12 |
| Petersilie | 1,7 | 90 | 93 | 15 |
| Porree | 2,7 | 95 | 97 | 8 |
| Radieschen | 10,0 | 78 | 92 | 14 |
| Rettich | 12,5 | 83 | 95 | 14 |
| Rote Rüben | 16,7 | 92 | 99 | 5 |
| Endivien | 1,5 | 90 | 89 | 12 |
| Kopfsalat | 1,0 | 85 | 93 | 10 |
| Schwarzwurzeln | 12,5 | 94 | 99 | 6 |
| Sellerie | 0,36 | 88 | 90 | 13 |
| Tomaten | 3,3 | 97 | 92 | 4 |
| Zwiebeln | 3,1 | 95 | 97 | 9 |

8. Freilandgurken werden im Abstand von 120 cm · 30 cm angestrebt. Die Keimfähigkeit beträgt 95 %, die Reinheit 99 % und der Abschlag vom Gebrauchswert wegen Bodenschädlingen 15 %. Es wird ein TKG von 29 g angenommen.

   Wie hoch ist der Saatgutbedarf in kg je ha?

9. Für 1 ha Rosenkohl werden Pflanzen herangezogen. Pflanzenabstand 60 cm · 50 cm, TKG 3 g, Keimfähigkeit 91 %, Reinheit 93 %, Abschlag vom Gebrauchswert 10 %.

   Berechnen Sie den Saatgutbedarf.

10. Weißkohlpflanzen sollen herangezogen werden. Der Pflanzabstand beträgt 60 cm · 40 cm, das TKG 3 g, die Keimfähigkeit 90 % und die Reinheit 95 %. Da nur kräftige Pflanzen verwendet werden sollen, wird vom Gebrauchswert ein Abschlag von 12 % vorgenommen.

    Berechnen Sie den Saatgutbedarf für 1 ha und für ein 0,65 ha großes Grundstück.

11. 2 g Kopfsalat-Samen stehen zur Verfügung. Für welche Fläche können Pflanzen herangezogen werden?

    Reinheit des Saatgutes 88 %, Keimfähigkeit 92 %, Abschlag vom Gebrauchswert 10 %, Pflanzabstand 30 cm · 25 cm, TKG 0,95 g.

12. Von der Stiefmütterchensorte „Schweizer Riesen" hat ein Gärtner nach der Keimprobe noch 16 g Saatgut vom vergangenen Jahr. Tausend Körner des Samens wiegen 3,4 g. Die Reinheit des Saatgutes beträgt 98 %, die Keimfähigkeit ist auf 62 % abgesunken. Der Gärtner braucht von der Sorte 12 500 verkaufsfähige Pflanzen.

    Wie viel Gramm neues Saatgut mit einem Gebrauchswert von 97 % muss er noch zukaufen, wenn nach dem Eintopfen mit einem Ausfall von 8 % gerechnet wird?

# 15 Pflanzenschutz

## 15.1 Pflanzenschutzlösungen und Konzentrate

Neben biologischen und biotechnologischen Maßnahmen des Pflanzenschutzes können auch chemische dazu dienen, Schäden und Leistungsminderungen von Pflanzen zu reduzieren bzw. zu verhindern. Dabei sollte der Einsatz jeweils im angemessenen Verhältnis zwischen Ökologie und Ökonomie stehen.

Die Konzentration von Pflanzenschutzlösungen wird meist in %, seltener auch in ‰ angegeben. Dabei wird ausgedrückt, wie viel Liter oder Kilogramm des Pflanzenschutzkonzentrates in 100 l bzw. 1 000 l Lösung enthalten sind.

Wir unterscheiden zum Beispiel:

Fungizide – sie bekämpfen Pilze und Bakterien (Krankheiten)
Insektizide – sie töten tierische Schädlinge (Insekten)
Herbizide – sie vernichten bestimmte Pflanzenarten (Unkräuter)

Wichtig ist, bei allen Pflanzenschutzmaßnahmen die den Präparaten beigegebenen Gebrauchsanweisungen genau zu beachten.

**Beispiel 1:**

Für eine Pflanzenschutzmaßnahme werden 25 l Pflanzenschutzlösung mit einer Konzentration von 0,035 % benötigt. Wie viel Milliliter Konzentrat sind erforderlich?

100 % ≙ 25 l
1 % ≙ 0,25 l
0,035 % ≙ 0,25 l · 0,035
= 0,00875 l
= 8,75 ml

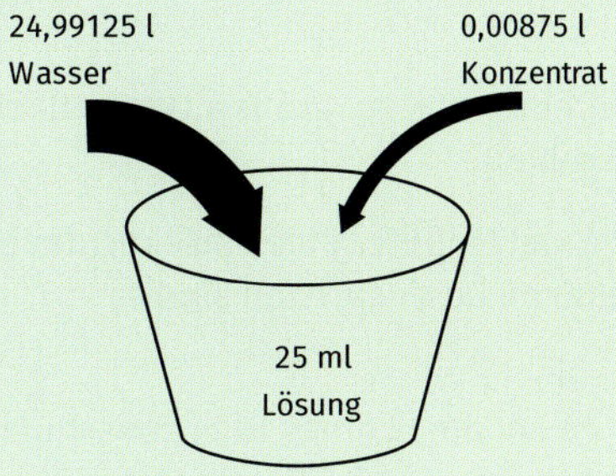


Für 25 l Spritzbrühe werden 8,75 ml Konzentrat benötigt.

### Gestaffelter Aufwand an Spritzbrühe entsprechend der Bestandshöhen bei Gemüsekulturen

Bis 50 cm Bestandshöhe 600 l/ha (Standardaufwand); 50 bis 125 cm Bestandshöhe 900 l/ha (Standardaufwand · 1,5); über 125 cm Bestandshöhe 1 200 l/ha (Standardaufwand · 2,0). In gleicher Weise ändert sich auch der Bedarf an Spritzkonzentrat, da die Konzentration der Spritzbrühe nicht verändert wird.

**Beispiel 2:**

300 m² Kopfsalat werden mit einer 0,2 %igen Lösung eines Pflanzenbehandlungsmittels gespritzt. Aufwand an Spritzbrühe 600 l/ha (Standardaufwand).

a) Bedarf an Spritzbrühe
600 l/ha = 6 l/a

300 m² = 3 a

6 l/a · 3 a = 18 l

b) Bedarf an Konzentrat
(siehe Beispiel 1)

## Aufgaben:

1. Nach Gebrauchsanweisung sind in 12 Liter Wasser 6 ml Pflanzenschutzkonzentrat aufzulösen.

   Berechnen Sie die Konzentration der Pflanzenschutzlösung in Prozent.
   Welche Konzentration ergeben 60 g Konzentrat in 25 l?

2. Zur Bekämpfung einer Pilzkrankheit ist eine 0,15 %ige Pflanzenschutzlösung herzustellen. Es sind 40 g eines Fungizides vorhanden.

   Wie viel Liter Lösung können hergestellt werden?

3. Starker Drahtwurmbefall in einem Gemüsegarten wird durch Angießen der Einzelpflanzen mit einer 0,045 %igen Insektizidlösung bekämpft. 960 Salat-, 750 Blumenkohl- und 1 200 Kohlrabipflanzen wurden ausgepflanzt. Je Pflanze werden 90 ml Pflanzenschutzbrühe benötigt.

   Errechnen Sie die notwendige Menge an Lösung und Insektizid.

4. Auf einer 600 $m^2$ großen Gartenfläche wurde Blumenkohl im Abstand von 50 cm · 50 cm angebaut.

   Wie viel Milliliter eines Insektizides sind für eine 0,3 %-Lösung erforderlich, wenn je Pflanze 30 ml auszuspritzen sind?

5. Je ha sollen 3 l eines Pflanzenschutzmittels ausgebracht werden. Die Pflanzenschutzspritze hat einen 250-l-Behälter. Auf einen ha sind 350 l Spritzbrühe erforderlich.

   a) Welche Konzentration hat die Spritzbrühe?
   b) Wie viel Konzentrat ist für eine Behälterfüllung nötig?
   c) Welche Fläche kann mit einer Behälterfüllung bespritzt werden?

6. Je ha werden 3,5 kg Pflanzenschutzkonzentrat in 500 l Spritzbrühe ausgebracht.

   a) Wie viel Konzentrat benötigt man je Behälterfüllung, wenn der Behälter 300 l fasst?
   b) Welche Konzentration hat die Spritzbrühe?

7. 700 $m^2$ Kopfsalat (20 cm hoch) werden mit 12 g/a eines Pflanzenbehandlungsmittels gespritzt.

   a) Wie viel Spritzbrühe ist erforderlich (Standardaufwand 600 l/ha)?
   b) Wie viel Milliliter Konzentrat werden benötigt?
   c) Wie hoch ist die Konzentration der Spritzbrühe in %?

8. 2 800 $m^2$ einer Gemüsekultur mit einer Wuchshöhe von 55 cm werden mit einem Fungizid, 0,2 %ig, und einem Insektizid, 0,15 %ig, gespritzt.
   Spritzbrühe je ha = Standardaufwand · 1,5

   a) Berechnen Sie den Bedarf an Spritzbrühe.
   b) Wie viel Milliliter Fungizid und wie viel Milliliter Insektizid werden benötigt?

9. Eine Tomatenanlage, Wuchshöhe über 125 cm, wird vor Pytophthora mit drei 0,2 %igen Fungizid-Spritzungen geschützt.
   Spritzbrühe je ha = Standardaufwand · 2

   a) Wie viel Lösung und wie viel Gramm Fungizid sind für eine Spritzung je Ar erforderlich?

   b) Berechnen Sie, wie viel das Fungizid für alle drei Spritzungen je Ar kostet, wenn für 100 g 9,75 € zu zahlen sind.

10. Eine Erdbeerpflanzung wird zweimal mit einem Fungizid gespritzt, um Grauschimmel vorzubeugen. Je $m^2$ werden für eine Spritzung 50 ml einer 0,25 %igen Spritzbrühe benötigt.

    Berechnen Sie die Spritzmittelkosten für ein Ar, wenn 400 ml Fungizid 10,79 € kosten.

11. In einem Park werden 180 Rosenstöcke im Laufe der Vegetationszeit zehnmal gespritzt. Für eine Spritzung benötigt man je Rosenstock 28 ml einer 0,25 %igen Fungizidlösung. Bei jeder zweiten Spritzung werden zur Bekämpfung der tierischen Schädlinge 0,045 % eines Insektizides dazugemischt.

    Berechnen Sie den Gesamtbedarf an Pflanzenschutzkonzentrat.

12. Pelargonien werden während der Kulturdauer zweimal mit einer 0,2 %igen Fungizidlösung gegen Bodenpilze gegossen. Die Ausbringmenge je Topf beträgt 60 ml. Die Pelargonien stehen auf 12 Tischen. Jeder Tisch ist 8 m lang und 2,20 m breit. Je $m^2$ stehen 30 Pflanzen.

    Wie viel Gramm Fungizid werden benötigt?

13. 19 500 Pelargonium-Peltatum-Hybriden sollen zweimal mit Gartenbau-Cycocel behandelt werden.

    Beim ersten Mal werden 12 l Brühe auf 100 $m^2$ mit einer Konzentration von 0,3 % ausgebracht. Dabei stehen je $m^2$ 130 Pflanzen. Beim zweiten Mal werden 18 l Brühe auf 100 $m^2$ mit einer Konzentration von 0,5 % ausgebracht. Jetzt stehen je $m^2$ nur 52 Pflanzen.

    Wie viel Liter Cycocel sind insgesamt nötig?

    Wie viel Euro kostet das Mittel, wenn der 16-l-Kanister Cycocel laut Katalog mit 212,90 € + 19 % MwSt. angeboten wird?

14. Ein Gewächshaus (Breite 12 m, Länge 60 m, Stehwandhöhe 2,30 m, Firsthöhe 5,30 m) mit Tomaten soll mit einem Räuchermittel vor der Weißen Fliege geschützt werden.

    Der Verkaufspreis einer Packung mit 6 Dosen des Räuchermittels beträgt 19,20 €. Eine Dose reicht für 200 $m^3$.

    Wie hoch sind die Kosten für das Pflanzenschutzmittel?

15. In einem Gewächshaus-Block (4 Schiffe mit je 3,20 m Breite, 2,50 m Stehwandhöhe, 3,5 m Firsthöhe, 36,50 m Länge) soll gegen Blattläuse mit einem Nikotin-Präparat geräuchert werden. 1 kg Präparat reicht für 2 000 $m^3$.

    Wie viel Gramm des Mittels werden gebraucht?

16. In einem Gewächshaus (15 m breit, 80 m lang, Stehwandhöhe 2,30 m, Firsthöhe 6,05 m) mit Begonien soll ein Insektizid gegen Weiße Fliege vernebelt werden. 12 ml des Mittels reichen für 100 $m^3$.

    a) Wie viel Milliliter Konzentrat werden benötigt?

    b) Mit wie viel Euro wird eine Begonienpflanze belastet, wenn im Gewächshaus die Wegfläche 27 % ausmacht und je $m^2$ Nutzfläche 18 Pflanzen stehen? 1 l Konzentrat kostet 70,00 €.

    c) Rechnen Sie in gleicher Weise, wenn in einem anderen Fall das Pflanzenschutzmittel in einer 0,2 %igen Lösung gespritzt wird und für 10 $m^2$ 1,2 l Lösung erforderlich sind.

17. In einem Gewächshaus (14 m breit, 45 m lang, Stehwandhöhe 2,80 m, Gesamthöhe 6,30 m) wird zur Blattlausbekämpfung eine Pflanzenschutzspritzung mit einer 0,06 %igen Insektizidlösung durchgeführt. Je 10 $m^2$ werden 1,5 l Spritzbrühe benötigt. Die Nutzfläche beträgt 75 %.

    a) Berechnen Sie den Bedarf an Lösung, an Konzentrat und die Kosten des Konzentrats. 1 kg Konzentrat kostet 42,50 €.

    b) Welche Kosten fallen je Pflanze an, wenn je $m^2$ 18 Pflanzen stehen?

    c) Die Blattläuse können auch mit dem gleichen Mittel verräuchert werden. Für 600 $m^3$ Gewächshausraum werden 100 g des Mittels benötigt.
    Wie hoch sind die Mittelkosten insgesamt und je Pflanze?

18. In eine Blumenvase mit 30 Fliederstielen werden 60 g Frischhaltemittel gegeben.
    Die Vase fasst 4 Liter Wasser.

    a) Welche Konzentration hat die Lösung?

    b) Berechnen Sie die Kosten des Mittels/Fliederstiel, wenn 1 kg des Mittels 7,60 € kosten.

19. Blumenkohlpflanzen sollen vor der Saat oder vor dem Auflaufen mit einem geeigneten Fungizid vor Auflaufkrankheiten geschützt werden. (Anwendung: Entweder 30 g/$m^2$ trocken einarbeiten oder 4 l/$m^2$ 0,3 %ige Brühe nach dem Auflaufen gießen.) Die Anwendungsfläche beträgt 32 $m^2$.

    Berechnen Sie den Bedarf an Konzentrat bei beiden Verfahren.

20. Für die laufenden gärtnerischen Arbeiten sind 5,5 $m^3$ Substrat erforderlich. Dieses soll durch Dämpfen sterilisiert werden. Ein elektrischer Dämpfer mit 3,6 kW Leistung benötigt für eine Füllung von 150 l 2,5 Stunden. Der Strompreis beträgt 0,15 €/kWh.

    a) Wie hoch sind die Stromkosten für das Dämpfen der 5,5 $m^3$ Erde? Berechnen Sie auch die Gesamtkosten, wenn man die Festkosten von 148,50 € im Jahr bei einer gesamten jährlichen Dämpfzeit von 150 Stunden berücksichtigt.

**b)** Statt durch Dämpfung kann die Erde auch chemisch entseucht werden. Es können folgende Mittel verwendet werden:

| | | | |
|---|---|---|---|
| Mittel A | 300 ml/m³; | 50 l | kosten 233,00 € |
| Mittel B | 200 g/m³, | 20 kg | kosten 142,50 € |
| Mittel C | 200 g/m³; | 1 kg | kostet 10,00 € |

Wie hoch sind die Kosten bei den verschiedenen Mitteln?

**c)** Um wie viel Prozent ist die Dämpfung teurer oder billiger als die billigste Möglichkeit der chemischen Entseuchung?

## 15.2 Flächen- und Bandspritzung

Chemische Pflanzenschutzmittel sind sehr teuer und belasten bei nicht sachgemäßer Anwendung unsere Umwelt. Es ist daher zu prüfen, ob die ganze Fläche, nur die Pflanzenreihen oder die einzelnen Pflanzen behandelt werden. Das Unkraut kann z.B. zwischen den Reihen mit einer maschinellen Hacke billiger bekämpft werden.

**Beispiel 1:**

**Flächenspritzung**

Auf einem Gemüsefeld werden je ha 350 l Pflanzenschutzlösung ausgespritzt.

Mit welcher Geschwindigkeit muss beim Spritzen gefahren werden, wenn die Arbeitsbreite der Spritze 10 m beträgt, 20 Düsen vorhanden sind und eine Düse in der Minute 1,6 l ausstößt?

$$\text{Wegstrecke in m/ha} = \frac{\text{Fläche in m}^2\text{/ha}}{\text{Arbeitsbreite in m}} = \frac{10\,000\ \text{m}^2\text{/ha}}{10\ \text{m}} = 1\,000\ \text{m/ha}$$

$$\text{Ausstoß aller Düsen in l/min} = \text{Ausstoß einer Düse in l/min} \cdot \text{Anzahl der Düsen}$$

$$= 1{,}6\ \text{l/min} \cdot 20 = 32\ \text{l/min}$$

$$\text{Zeitbedarf in min/ha} = \frac{\text{Spritzlösung in l/ha}}{\text{Ausstoß in l/min}} = \frac{350\ \text{l/ha}}{32\ \text{l/min}} = 10{,}94\ \text{min/ha}$$

$$\text{Geschwindigkeit in km/h} = \frac{\text{Weg in m/ha} \cdot 60\ \text{min/h}}{\text{Zeitbedarf in min/ha} \cdot 1\,000\ \text{m/km}}$$

$$= \frac{1\,000\ \text{m/ha} \cdot 60\ \text{min/h}}{10{,}94\ \text{min/ha} \cdot 1\,000\ \text{m/km}} = \underline{\underline{5{,}48\ \text{km/h}}}$$

Diese 4 Rechenschritte können in folgende Gleichung zusammengefasst werden:

$$\text{Geschwindigkeit in km/h} = \frac{\text{Fläche in m}^2\text{/ha} \cdot \text{Ausstoß einer Düse in l/min} \cdot \text{Düsenzahl} \cdot 60\ \text{min/h}}{\text{Arbeitsbreite in m} \cdot \text{Spritzlösung in l/ha} \cdot 1\,000\ \text{m/km}}$$

Stellen Sie diese Formel um nach

Spritzlösung in l/ha = und

Ausstoß einer Düse in l/min =

**Beispiel 2:**

**Bandspritzung**

Ein Gärtner führt bei einer Gemüsekultur eine Bandspritzung mit einem Herbizid durch. Der Reihenabstand beträgt 70 cm, die bespritzte Breite des Bandes 18 cm. Je ha bespritzter Fläche werden 300 l Spritzlösung benötigt. Das Gerät hat 6 Düsen, jede Düse einen Ausstoß von 540 ml/min.

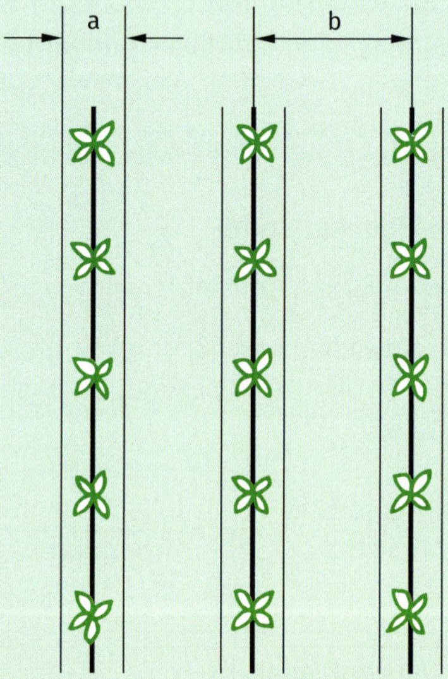


a = Breite des bespritzten Bandes

b = Reihenabstand

a) Wie viel Prozent der Ackerfläche werden bespritzt?

70,0 cm ≙ 100 %
0,7 cm ≙ 1 %
$18{,}0\ \text{cm} \triangleq \frac{18{,}0\ \text{cm}}{0{,}7\ \text{cm}} = \underline{\underline{25{,}71\ \%}}$

b) Bedarf an Spritzbrühe je ha Ackerfläche:

100 % ≙ 300 l
1 % ≙ 3 l
25,71 % ≙ 3 l · 25,71 = $\underline{\underline{77{,}13\ \text{l}}}$

c) Mit welcher Fahrgeschwindigkeit in km/h muss gefahren werden?

$$\text{Geschwindigkeit in km/h} = \frac{10\,000\ \text{m}^2\text{/ha} \cdot 0{,}54\ \text{l/min} \cdot 6 \cdot 60\ \text{min/h}}{0{,}7\ \text{m} \cdot 6 \cdot 77{,}13\ \text{l/ha} \cdot 1\,000\ \text{m/km}} = 6{,}00\ \frac{\text{km}}{\text{h}}$$

## Aufgaben:

1. Der Tank einer Schlepperspritze fasst 250 l. Je ha sollen 300 l Spritzbrühe ausgebracht werden. Die Arbeitsbreite beträgt 8 m.
   a) Welche Fläche kann mit einer Füllung bespritzt werden?
   b) Welche Wegstrecke ist dabei zurückzulegen?

2. Je ha werden 450 l einer 0,8 %igen Spritzlösung ausgebracht. Die Spritze hat einen Behälter mit 400 l und eine Arbeitsbreite von 12 m.
   a) Welche Wegstrecke ist mit einer Behälterfüllung zurückzulegen?
   b) Wie viel Liter Konzentrat werden je ha ausgebracht?

3. Es werden je ha 4,5 l eines Pflanzenschutzmittels gespritzt. Die Konzentration der Spritzbrühe beträgt 1,2 %.
   a) Wie viel Spritzbrühe wird je ha benötigt?
   b) Berechnen Sie die Fahrgeschwindigkeit in km/h, wenn die Arbeitsbreite 6 m beträgt und jede der 12 Düsen in der Minute 1,4 l ausstößt.

4. Je ha werden 400 l Pflanzenschutzlösung ausgebracht.
   a) Welche Konzentration muss die Spritzbrühe haben, wenn je ha 2,5 l des Mittels ausgebracht werden?
   b) Mit welcher Geschwindigkeit muss gefahren werden, wenn die Arbeitsbreite 9 m beträgt und jede der 18 Düsen in der Minute 1,6 l ausstößt?

5. Bei einer Arbeitsbreite von 9 m hat eine Pflanzenschutzspritze 18 Düsen. Die Fahrgeschwindigkeit beträgt 4,8 km/h, der Ausstoß je Düse 1,8 l in der Minute. Je ha werden 3 l Pflanzenschutzkonzentrat ausgebracht.
   a) Berechnen Sie den Bedarf an Pflanzenschutzlösung je ha.
   b) Welche Konzentration in Prozent muss die Pflanzenschutzlösung haben?

6. Je ha werden 4 kg Pflanzenschutzkonzentrat angewendet. Die Arbeitsbreite der Spritze beträgt bei 15 Düsen 7,5 m. Mit einer Geschwindigkeit von 4,86 km/h wird gefahren. Der Ausstoß je Düse beträgt 1,7 l/min.
   a) Wie viel Spritzbrühe muss je ha ausgebracht werden?
   b) Berechnen Sie auch die Konzentration der Spritzbrühe in Prozent.

7. Eine Schlepperspritze mit 20 Düsen und einer Arbeitsbreite von 10 m wird mit 5 km/h gefahren. 400 l/ha Spritzbrühe sind auszubringen.

   Wie groß muss die Ausstoßmenge je Düse in der Minute sein?

8. Eine Pflanzenschutzspritze mit einer Arbeitsbreite von 8 m hat 16 Düsen und wird mit 4,6 km/h gefahren. Je ha der zu bearbeitenden Fläche sollen 250 l Spritzbrühe ausgebracht werden.

   Wie viel Spritzbrühe muss eine Düse in der Minute ausstoßen?

9. Eine Pflanzenschutzspritze mit 7,5 m Arbeitsbreite hat 15 Düsen. Die Ausstoßmenge je Düse beträgt 1,3 l/min. Mit 4,6 km/h wird gefahren.

   a) Berechnen Sie den Zeitbedarf je ha in Minuten und Sekunden.
   b) Wie viel Liter Pflanzenschutzlösung sind je ha erforderlich?

10. Die Arbeitsbreite einer Pflanzenschutzspritze mit 16 Düsen beträgt 8 m. In einer Minute werden je Düse 1,2 l ausgestoßen. Die Fahrgeschwindigkeit beträgt 4,2 km/h.

    a) Welche Arbeitszeit ist je ha anzusetzen?
    b) Wie viel Pflanzenschutzlösung ist je ha erforderlich?

11. Auf einem Acker wird eine Bandspritzung durchgeführt:

    Reihenabstand 65 cm, Bandbreite 20 cm, Bedarf an Pflanzenschutzlösung je ha bespritzter Fläche 280 l mit 2 l Konzentrat, Ausstoß je Düse 480 ml/min, Arbeitsbreite des Gerätes 3,90 m; 1 l Herbizid kostet 35,00 €.

    a) Wie viel Prozent der Ackerfläche werden bespritzt?
    b) Berechnen Sie den Bedarf an Spritzbrühe und an Spritzkonzentrat je ha Ackerfläche.
    c) Wie hoch sind die Spritzmittelkosten für 1 ha Ackerland?
    d) Mit welcher Geschwindigkeit wird gefahren?

12. Mit einem Herbizid wird eine Bandspritzung durchgeführt. Der Reihenabstand beträgt 60 cm, die Bandbreite 18 cm. Das Gerät hat vier Düsen und einen Ausstoß von 0,55 l/min je Düse.
    Je ha bespritzter Fläche werden 350 l Spritzlösung mit 2,5 kg Konzentrat benötigt. 1 kg Konzentrat kostet 38,70 €.

    a) Wie viel Prozent der Ackerfläche werden bespritzt?
    b) Berechnen Sie den Bedarf an Spritzbrühe und an Spritzkonzentrat je ha Ackerfläche.
    c) Wie hoch sind die Spritzmittelkosten für 1 ha Ackerland?
    d) Mit welcher Geschwindigkeit wird gefahren?

13. Wie viel Liter Pflanzenschutzlösung werden bei Bandspritzung je ha Ackerland mit einem 6-reihigen Gerät ausgebracht, wenn folgende Angaben gelten:
    Reihenabstand 80 cm; Bandbreite 20 cm; Ausstoß je Düse 520 ml/min; Fahrgeschwindigkeit 4,5 km/h.

    Berechnen Sie auch den Bedarf an Pflanzenschutzlösung je ha bespritzter Fläche.

14. Rechnen Sie mit den nachfolgenden Angaben wie bei Nr. 13.

    4 Reihen; Reihenabstand 62,5 cm; Bandbreite 18 cm; Ausstoß je Düse 475 ml/min; Fahrgeschwindigkeit 5,0 km/h.

## 15.3 Pflanzenschutz im Obstbau

Im Obstbau werden Pflanzenschutzmittel hauptsächlich zur Ertragssicherung und Qualitätssicherung der Ernte eingesetzt. Problematisch ist dabei die bei der Ausbringung entstehende, nicht immer vermeidbare Abdrift.

Der **Bedarf an Spritzbrühe je Baum** kann auf mehrere Arten ermittelt werden:

a) **Nach dem Alter der Bäume seit der Pflanzung**

Für jedes Lebensjahr benötigt man 1 l Spritzbrühe für die Winter- bzw. Austriebsspritzung. Für junge Spindelbäume benötigt man zur Winterspritzung 1 l und für ältere Spindelbüsche 3 l Spritzbrühe.

b) **Nach dem Stammumfang der Bäume**

Als Faustregel gilt für die Winterspritzung:
l je Baum = 0,4 · Stammumfang in cm − 6

c) **Nach der Kronengröße der Bäume**

Spritzbrühe in l für die Winterspritzung
= Kronendurchmesser in m · Kronenhöhe in m · 0,5

Zur **Vor- und Nachblütenspritzung** werden nur $\frac{2}{3}$ der Winterspritzmengen benötigt.

Die auf diese Weise ermittelten Mengen an Spritzbrühe können nur Näherungswerte sein.

### Aufgaben:

1. Ein Unternehmer hat 180 Obstbäume, die vor 10 Jahren gepflanzt wurden, und 130 Obstbäume, die vor 15 Jahren gepflanzt wurden. Außerdem besitzt er 120 junge und 90 ältere Spindelbüsche. Wie viel Spritzkonzentrat muss er kaufen, wenn er folgende Spritzungen durchführen will:

   a) eine Austriebsspritzung mit einer 0,75 %igen Brühe eines Gelbspritzmittels,

   b) zwei Vorblütenspritzungen mit einer Brühe, die 0,035 % eines Insektizides und 0,3 % eines Fungizides enthält,

   c) zwei Nachblütenspritzungen mit einer Brühe, die 0,04 % eines Insektizides und 0,25 % eines Fungizides enthält?

2. In einer Obstanlage stehen 250 Obstbäume mit durchschnittlich 30 cm Stammumfang, 180 Obstbäume mit 40 cm Stammumfang und 120 Obstbäume, die vor 2 Jahren gepflanzt wurden.

   Wie viel Spritzkonzentrat wird benötigt, wenn eine Austriebsspritzung, zwei Vorblütenspritzungen und eine Nachblütenspritzung durchgeführt werden?

   Austriebsspritzung – Gelbspritzmittel 0,6 %
   Vorblütenspritzung – Fungizid 0,25 %, Insektizid 0,045 %
   Nachblütenspritzung – Fungizid 0,3 %; Insektizid 0,035 %

3. In einem Obstgarten stehen 80 Obstbäume mit einem Kronendurchmesser von 5 m und einer Kronenhöhe von 4 m.

   a) Wie viel Spritzkonzentrat braucht man für die Winter- bzw. Austriebsspritzung, wenn die Konzentration der Spritzbrühe 0,55 % betragen soll?

   b) Bei der Vorblütenspritzung wird eine Lösung mit 0,28 % eines Fungizides und 0,04 % eines Insektizides angewendet.

   Welche Mengen an Konzentrat werden für eine Anwendung benötigt?

4. Bei Niederstammanlagen benötigt man je ha etwa 1 600 l Spritzbrühe.

   Wie viel Konzentrat wird für eine Spritzung je ha benötigt, wenn die Konzentration des Fungizides 1,5 ‰ und die des Insektizides 0,8 ‰ betragen soll?

5. Auf einer Fläche von 1,2 ha wurden vor 4 Jahren im Abstand von 5 · 5 m Buschbäume gepflanzt.

   a) Wie viel Liter Spritzbrühe werden für den gesamten Bestand zur Winterspritzung und für eine Vorblütenspritzung benötigt?

   b) Berechnen Sie auch den Bedarf an Konzentrat, wenn zur Winterspritzung eine 0,75 %ige und zur Vorblütenspritzung eine 0,2 %ige Brühe verwendet wird.

# 16 Wasser

## 16.1 Niederschläge

Eine durchschnittliche Jahresniederschlagsmenge von 800 mm genügt den Ansprüchen der Land- und Forstwirtschaft.

Mit der Bezeichnung „1 mm Niederschlag" beschreibt man die Regenmenge, die in einem Auffangbehälter eine Höhe von 1 mm hat.

1 mm Niederschlag ≙ 1 l/m²

≙ 100 l/a = 1 hl/a

≙ 10 000 l/ha = 100 hl/ha = 10 m³/ha

### Aufgaben:

1. Nach einem Gewitter wird ein Niederschlag von 18 mm gemessen.

   a) Welche Wassermenge in Liter fiel auf 1 m²?
   b) Wie viel Kubikmeter waren es je ha?

2. Auf einem rechteckigen Feld mit 164 m Länge und 85 m Breite hat es über Nacht 26 mm geregnet.

   a) Wie viel Kubikmeter Wasser fielen auf 1 ha und auf das ganze Feld?
   b) Wie viele Fässer mit je 2 500 l entsprechen dieser Regenmenge?

3. Auf einem rechteckigen Grundstück von 180 m Länge und 124 m Breite fallen 15 mm Niederschläge. Berechnen Sie

   a) die Wassermenge in Liter je $m^2$,
   b) in $m^3$ je ha,
   c) in $m^3$ auf das ganze Feld.
   d) Wie vielen Fässern mit 35 hl entspricht die je ha gefallene Wassermenge?

4. Die durchschnittlichen Jahresniederschlagsmengen in Deutschland betrugen in den Jahren:

   2005: 651 mm
   2006: 506 mm
   2007: 897 mm
   2008: 497 mm
   2009: 611 mm
   2015: 688 mm

   Berechnen Sie die jeweilige prozentuale Abweichung vom Durchschnittswert 800 mm/Jahr. Stellen Sie Ihre Ergebnisse der prozentualen Abweichung in einem Säulendiagramm dar.

## 16.2 Be- und Entwässerung

Da der Faktor Wasser u.a. auch die fotosynthetische Leistung unserer Ertragspflanzen bestimmt, ist es notwendig, in Trockenperioden durch Beregnung den Ertrag zu beeinflussen.

Eine Entwässerung des Bodens hat zum Ziel, die schädliche Einwirkung der Bodennässe auf den Pflanzenwuchs zu beseitigen, da den Wurzeln in diesem Zustand nur ein geringer Anteil an Sauerstoff zur Verfügung steht.

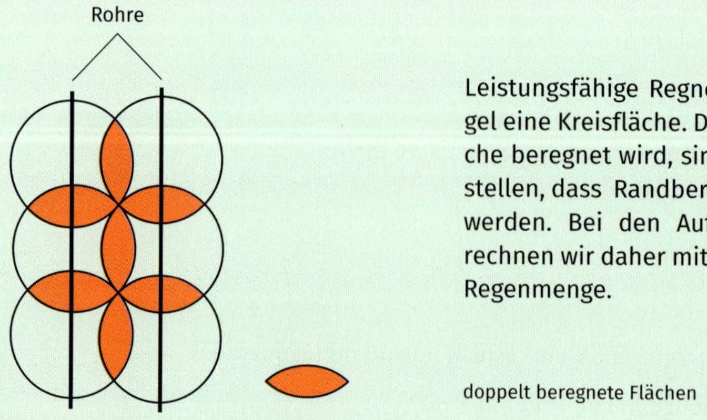


Leistungsfähige Regner beregnen in der Regel eine Kreisfläche. Damit die komplette Fläche beregnet wird, sind die Regner so aufzustellen, dass Randbereiche doppelt beregnet werden. Bei den Aufgaben zur Beregnung rechnen wir daher mit der durchschnittlichen Regenmenge.

**Beispiel:**

Wie lange muss beregnet werden, wenn durchschnittlich 24 mm Regen verabreicht werden sollen?

Aufstellungsverband der 20 Regner 22 m · 22 m

Wasserdurchlauf je Stunde 56 m$^3$

$$\text{Beregnete Fläche} = \text{Fläche je Regner} \cdot \text{Zahl der Regner}$$

$$= 22\ \text{m} \cdot 22\ \text{m} \cdot 20 = 9\,680\ \text{m}^2$$

$$\text{Regenhöhe je Stunde} = \frac{\text{Wasservolumen in m}^3\ \text{je Stunde}}{\text{beregnete Fläche in m}^2}$$

$$= \frac{56\ \text{m}^3/\text{h}}{9\,680\ \text{m}^2} = 0{,}00579\ \text{m/h}$$

$$= 5{,}79\ \text{mm/h}$$

$$\text{Zeitbedarf} = \frac{\text{gesamte Regenhöhe}}{\text{Regenhöhe je Stunde}}$$

$$= \frac{24\ \text{mm}}{5{,}79\ \text{mm/h}} = 4{,}145\ \text{h}$$

$$\approx \underline{\underline{4\ \text{h}\ \ 9\ \text{min}}}$$

## Aufgaben:

1. Ein Gemüsefeld soll mit durchschnittlich 25 mm beregnet werden. Es sind 13 Regner gleichzeitig im Einsatz. Sie werden im Verband 24 m · 24 m aufgestellt. Der Wasserdurchlauf beträgt insgesamt 34 m$^3$/h.

   a) Welche Fläche kann gleichzeitig beregnet werden?
   b) Wie hoch ist die durchschnittliche Regenmenge, wenn eine Stunde beregnet wird?
   c) Wie lange muss beregnet werden, bevor die Regner umgestellt werden können?
   d) Berechnen Sie die Beregnungszeit für ein 3 ha großes Feld.

2. Rechnen Sie wie bei Aufgabe 1 a) bis d). Verwenden Sie dabei folgende geänderte Zahlen:

   Regenhöhe = 20 mm
   10 Regner
   Aufstellungsverband 30 m · 30 m
   Wasserdurchlauf = 80 m$^3$/h
   Feldgröße = 1,8 ha

3. Welche durchschnittliche Regenmenge in mm wird verabreicht, wenn folgende Angaben gelten:

   15 Regner
   Aufstellungsverband 20 m · 20 m
   Wasserdurchlauf = 39 $m^3$/h

   Nach 3 Stunden werden die Regner umgestellt.

4. In einer Gärtnerei werden 0,25 ha Kopfsalat viermal mit insgesamt 120 $m^3$ Wasser beregnet.

   a) Wie viel Millimeter Niederschlag entspricht diese Beregnungsmenge?

   b) Wie viel Liter Wasser werden bei jeder Beregnung im Durchschnitt je $m^2$ ausgebracht?

   c) Mit wie viel Euro Wasserkosten wird ein Kopfsalat belastet, wenn der Pflanzenabstand 25 cm · 25 cm beträgt und je $m^3$ Wasser 0,88 € zu zahlen sind?

5. Die Wurfweite eines Rundregners beträgt bei einem Überdruck von 4 bar 17,3 m.

   a) Wie viel Quadratmeter werden von einem Regner beregnet?

   b) Wie lange braucht der Regner, um 24 mm zu verregnen, wenn der Wasserverbrauch in einer Stunde 1,88 $m^3$ beträgt?

6. Eine Gemüsekultur mit den Maßen 114 m · 96 m wird beregnet. An einem Arbeitstag beregnen 6 Regner eine Fläche von 2 188,8 $m^2$. Es werden 28,5 mm Niederschlag verregnet. Der Wasserverbrauch beträgt je Stunde und Regner 1,32 $m^3$.

   a) Wie viel Tage muss beregnet werden, um das ganze Feld zu versorgen?

   b) Wie viel Kubikmeter Wasser werden an einem Arbeitstag verregnet?

   c) Wie lange muss täglich beregnet werden?

   d) Wie groß ist der Wasserbedarf für das ganze Feld bei einer Beregnung?

   e) Wie hoch sind die Wasserkosten für das ganze Feld, wenn während der Saison viermal beregnet wird und je $m^3$ Wasser 0,90 € zu zahlen sind?

   f) Berechnen Sie die Wasserkosten in Prozent, wenn der Gesamterlös je ha 12 375,00 € beträgt.

7. Ein Grundstück von 130 m Länge und 90 m Breite soll entwässert werden, damit es für gärtnerische Nutzung verwendbar wird. In der Mitte des Grundstückes wird der Länge nach eine Hauptleitung gelegt. Im Abstand von 10 m münden auf beiden Seiten Leitungen im rechten Winkel in die Hauptleitung.

   a) Zeichnen Sie das Grundstück mit den Leitungen im Maßstab 1 : 1 000.
   b) Berechnen Sie die gesamte Länge der Leitungen.

8. Ein Vorflutgraben ist an der Sohle 50 cm und an der Wasseroberfläche 70 cm breit. Die Wassertiefe beträgt 15 cm. Ein Stück Holz wird vom Wasser in 30 Sekunden 4 m abgetrieben.

   Welche Wassermenge in m³ führt der Graben in einer Stunde und in 24 Stunden ab?

9. Von einem 1 ha großen entwässerten Grundstück wird in jeder Sekunde 1 l Wasser abgeleitet.

   Welcher Regenmenge in mm entspricht diese Wassermenge innerhalb eines Zeitraumes von 24 Stunden?

10. Zur Frostschadenverhütung kommt im Obstbau auch Beregnung in Frage, 2 mm je Stunde.

    Wie viel Kubikmeter Wasser sind je ha erforderlich, wenn 3 Stunden beregnet wird?

## 16.3 Wasserkapazität

Die Begriffe Wasserkapazität oder Wasserhaltevermögen des Bodens geben an, wie viel Wasser der Boden aufnehmen und gegen die Schwerkraft des Bodens halten kann. Dabei besitzen die Ton-Humus-Komplexe im Boden einen entscheidenden Anteil. Deren Anteil wird durch die Bodenart bestimmt.

Hochmoortorf (Weißtorf) wird im Allgemeinen mit 50 Gewichts-% Wasser gehandelt. 100 l lockerer Weißtorf hat bei 50 Gew.-% Wasser eine Masse von 13 kg, also 6,5 kg Trockensubstanz und 6,5 kg Wasser.

Unterscheiden Sie bei den Aufgaben zwischen Gewichts-% und Volumen-%.

**Beispiel:**

200 l Weißtorf mit 50 Gew.-% Wasser und einer Dichte von 0,13 kg/dm³ soll auf 85 Gew.-% Wasser gebracht werden.

a) Welche Masse hat der feuchte Torf?

b) Wie viel Liter Wasser müssen zugesetzt werden?

Masse des Torfs mit 50 Gew.-% Wasser:

$$\text{Masse} = \text{Dichte} \cdot \text{Volumen}$$

$$= 0{,}13\ \text{kg/dm}^3 \cdot 200\ \text{dm}^3 = 26\ \text{kg}$$

Trockensubstanz (TS): Wasser ($H_2O$):

100 Gew.-% ≙ 26 kg

50 % TS ≙ 13 kg 50 % $H_2O$ ≙ 13 kg

Masse des Torfes mit 85 % Wassergehalt:

15 Gew.-% ≙ 13 kg
1 Gew.-% ≙ 13 kg : 15 = 0,867 kg
100 Gew.-% ≙ 0,867 kg · 100 = 86,7 kg

Wasserzusatz:

86,7 kg (Endmasse) – 26,0 kg (Anfangsmasse) = 60,7 kg

## Aufgaben:

1. 500 l lockerer Torf mit einem Wassergehalt von 50 Gew.-% und einer Dichte von 0,132 kg/dm³ soll auf einen Wassergehalt von 90 Gew.-% gebracht werden.
   a) Wie viel Liter Wasser sind zuzusetzen?
   b) Welche Dichte hat der Torf mit 90 Gew.-% Wassergehalt, wenn sich durch den Wasserzusatz das Volumen nicht verändert?

2. 400 l Torf, Dichte 0,13 kg/dm³, Wassergehalt 50 Gew.-%, soll auf einen Wassergehalt von 60, 70, 80, 90 Gew.-% gebracht werden.

   Wie viel Liter Wasser sind jeweils zuzusetzen?

3. Es stehen 0,8 m³ Torf mit einem Wassergehalt von 7 Vol.-% zur Verfügung.

   Wie viel Liter Wasser sind zuzusetzen, wenn der Wassergehalt 46 Vol.-% betragen soll?

4. Hochmoortorf mit 50 Gew.-% Wasser und einer Dichte von 0,13 kg/dm³ wird gekauft.

   Welchem Wassergehalt in Vol.-% entspricht dies?

5. Weißtorf hat eine Wasserkapazität von etwa 50 Vol.-%.

   Wie viel Wasser kann zugesetzt werden, wenn 400 l Torf mit einem Wassergehalt von 40 Gew.-% und einer Dichte von 0,108 kg/dm³ zur Verfügung stehen?

6. Wie viel Wasser ist zuzusetzen, wenn die 800 l Ausgangsmaterial eine Dichte von 0,1625 kg/dm³ und einen Wassergehalt von 60 Gew.-% haben und ein Substrat von 85 Gew.-% Wasser benötigt wird?

## 16.4 Luftfeuchtigkeit

Die Luftfeuchtigkeit ist ein Maß dafür, wie viel Wasser in Form von Wasserdampf in der Luft gelöst ist. Im Gewächshaus muss die Luftfeuchtigkeit geregelt werden, da z. B. eine zu hohe Luftfeuchtigkeit eine Entwicklung von Pilzkrankheiten begünstigen kann.

Wasser gelangt durch Verdunstung in die Luft. Dabei hängt das Aufnahmevermögen der Luft für Wasserdampf von der Temperatur ab.

Sättigungsmengen:

| **Lufttemperatur in °C** | −10 | −5 | 0 | 5 | 10 | 15 | 20 | 25 | 30 |
|---|---|---|---|---|---|---|---|---|---|
| **Wasserdampf in g je m³** | 2,1 | 3,3 | 4,9 | 6,8 | 9,4 | 12,8 | 17,3 | 23,1 | 30,2 |

Unter der absoluten Luftfeuchtigkeit versteht man die Menge Wasserdampf in g je m³ Luft. Enthält Luft die höchstmögliche Menge an Wasserdampf, ist sie gesättigt. Die Feuchtigkeit der Luft wird auch in Prozent der Sättigungsmenge angegeben. Dies ist die relative Luftfeuchtigkeit, das Verhältnis des momentanen Wasserdampfgehaltes in der Atmosphäre zum maximalen Wasserdampfgehalt unter gleichen Temperatur- und Druckbedingungen.

**Beispiel:**

Wie hoch ist die relative Luftfeuchtigkeit, wenn die Temperatur 30 °C beträgt und 1 m³ Luft 10 g Wasserdampf (= absolute Luftfeuchtigkeit) enthält?

$$\text{Relative Luftfeuchtigkeit in \%} = \frac{\text{absolute Luftfeuchtigkeit} \cdot 100}{\text{Sättigungsmenge}}$$

$$= \frac{10\ \text{g} \cdot 100}{30{,}2\ \text{g}} = \underline{\underline{33{,}1\ \%}}$$

## Aufgaben:

1. Berechnen Sie die relative Luftfeuchtigkeit.

| | Temperatur in °C | absolute Luftfeuchtigkeit in g/m³ |
|---|---|---|
| a) | 10 | 4,7 |
| b) | 15 | 6,0 |
| c) | 20 | 15,0 |
| d) | 25 | 12,5 |
| e) | –5 | 1,2 |

2. Stellen Sie die Sättigungsmengen in Abhängigkeit von der Lufttemperatur grafisch dar.

   y-Achse ≙ g Wasser je m³, x-Achse ≙ Lufttemperatur

3. In einem Gewächshaus (Länge = 12,4 m, Breite = 8,3 m, Höhe an den Seitenwänden = 2,20 m, Höhe in der Mitte = 4,30 m) zeigt bei 20 °C das Hygrometer 78 % relative Luftfeuchtigkeit an.

   Wie viel Gramm Wasser sind in der Luft enthalten?

4. Ein Gewächshaus ist 12,60 m lang, 8,50 m breit, außen 2,10 m und in der Mitte 4,35 m hoch. Das Thermometer zeigt 15 °C an. Die Luftfeuchtigkeit beträgt 82 %.

   Berechnen Sie das Volumen des Gewächshauses und die absolute Luftfeuchtigkeit.

5. Ein Gewächshaus ($V = 300$ m³) wird auf 20 °C beheizt. Das Hygrometer zeigt eine Luftfeuchtigkeit von 63 % an.

   a) Wie ändert sich die relative Luftfeuchtigkeit, wenn nachts die Temperatur um 5 °C abgesenkt wird?

   b) Welche Wassermenge können die Pflanzen bei 15 °C und bei 20 °C verdunsten, bis die Sättigungsgrenze erreicht ist?

## 16.5 Wasserbehälter

In den Industrieländern wird die Wasserbereitstellung heutzutage als selbstverständlich vorausgesetzt. Die Ressourcen, die das Regenwasser liefert, werden noch zu wenig genutzt.

### Aufgaben:

1. Das zylindrische Wasserfass eines Gemüsegartens hat einen Durchmesser von 64 cm und eine Höhe von 78 cm.

   Nach welcher Zeit ist das Fass gefüllt, wenn in einer Minute aus einer Wasserleitung 18 l Wasser einlaufen?

2. Eine runde Regentonne hat einen Durchmesser von 70 cm. Randvoll kann sie 462 l fassen.

   Berechnen Sie die Höhe der Tonne.

3. Ein runder Wasserbehälter hat oben einen Durchmesser von 1,45 m und unten von 1,25 m. Er ist 1,15 m hoch.

   Wie viel Liter Wasser fasst der Behälter?

4. Ein rechteckiges Wasserbecken aus Beton ist innen 1,40 m lang, 80 cm breit und 70 cm hoch. Die Seitenwände sind 6 cm und der Boden ist 8 cm stark.

   a) Wie viel Liter fasst der Behälter?

   b) Durch eine Wasserleitung läuft in 7 Sekunden 1 Liter Wasser zu. In welcher Zeit (in Stunden, Minuten und Sekunden) ist der Behälter gefüllt?

   c) Das Becken wird innen mit einem wasserdichten Schutzanstrich versehen. Für wie viel Quadratmeter ist Farbe zu kaufen?

   d) Berechnen Sie das Volumen des Betons.

# 17 Energie

## 17.1 Verschiedene Energieträger

Die Energievorräte auf der Erde sind begrenzt. Es ist daher wichtig, mit Energie sparsam umzugehen. Auch aus Kostengründen ist der Energieaufwand unbedingt auf das notwendige Maß zu beschränken.

Die **internationale Einheit** für Energie (W, Q) ist das **Joule** (J).

| | |
|---|---|
| 1 J (Joule) | = 1 Nm (Newtonmeter) |
| | = 1 Ws (Wattsekunde) |
| 1 kWh | = 3 600 kWs |
| $1\ W = 1\ \frac{J}{s}$ | $= 1\ \frac{Nm}{s}$ |

**Primärenergieverbrauch** in Deutschland in PJ (Petajoule; 1 PJ = 1 000 000 000 000 000 J):

**Tabelle 1**

| Energieträger | 1991 | 2001 | 2009 | 2014 |
|---|---|---|---|---|
| Erdöl | 5 525 | 5 577 | 4 595 | 4 516 |
| Steinkohle | 2 337 | 1 949 | 1 474 | 1 724 |
| Braunkohle | 2 494 | 1 610 | 1 510 | 1 574 |
| Erdgas | 2 409 | 3 148 | 2 887 | 2 688 |
| Kernenergie | 1 609 | 1 868 | 1 467 | 1 059 |
| Wasser- und Windenergie | 53 | 124 | 205 | 278 |
| Andere erneuerbare Energie | | | | 1 211 |

Vgl. Bundesministerium für Wirtschaft und Technologie, 2014

## Aufgaben:

1. a) Berechnen Sie den Gesamtbedarf an Energie in Deutschland in den verschiedenen Jahren (siehe Tabelle 1) und geben Sie die Veränderung in Prozent an.

   b) Berechnen Sie die Anteile der verschiedenen Energieträger im Jahr 2014 in Prozent und stellen Sie diese in einem Säulendiagramm grafisch dar.

   c) Setzen Sie den jeweiligen Energieträgeranteil von 1991 mit 100 % an und geben Sie deren jeweilige Veränderung im Jahre 2014 in Prozent an.

**Energiekosten**

**Tabelle 2**

| Energieart | Preis einschl. MwSt. | Heizwert | Wirkungsgrad[3] |
|---|---|---|---|
| Buchenholz[1] | 78,00 €/Rm | 16 000 kWs/kg | 72 % |
| Briketts | 28,00 €/50 kg | 20 000 kWs/kg | 75 % |
| Heizöl[2] | 0,48 €/l | 42 000 kWs/kg | 80 % |
| Erdgas | 0,60 €/m³ | 37 100 kWs/m³ | 80 % |
| Propangas | 1,63 €/kg | 46 000 kWs/kg | 80 % |
| Strom | 0,24 €/kWh | 3 600 kWs/kWh | 97 % |

[1] 1 Raummeter (Rm) = 1 Ster Holz; 1 Raummeter hat im Durchschnitt 0,7 Festmeter (fm); Dichte von Buchenholz = 0,75 kg/dm³
[2] Dichte von Heizöl = 0,85 kg/dm³
[3] Wirkungsgrad 72 % bedeutet, dass 72 % der Energie zur Wirkung kommen und 28 % ungenutzt verloren gehen.
Bei Erdgas und Strom werden auch Grundgebühren berechnet.
Beachten Sie bitte, dass die Energiepreise großen Schwankungen unterliegen. Es ist daher anzuraten, immer mit den am Schulort geltenden aktuellen Zahlen zu rechnen.

**Beispiel:**

Wie teuer sind 100 000 kWs bei Briketts?

1 kg Briketts kostet 28,00 € : 50 = 0,56 €

Von 20 000 kWs sind 75 % nutzbar, 25 % sind „Verluste" (siehe auch Energieerhaltungssatz).

$$100\,\% \mathrel{\widehat{=}} 20\,000\text{ kWs}$$
$$1\,\% \mathrel{\widehat{=}} 200\text{ kWs}$$
$$75\,\% \mathrel{\widehat{=}} 200\text{ kWs} \cdot 75 = 15\,000\text{ kWs}$$

1 kg Briketts liefert 15 000 kWs Wärmeenergie.

$$15\,000\text{ kWs} \mathrel{\widehat{=}} 0{,}56\text{ €}$$
$$1\text{ kWs} \mathrel{\widehat{=}} \frac{0{,}56\text{ €}}{15\,000}$$
$$100\,000\text{ kWs} \mathrel{\widehat{=}} \frac{0{,}56\text{ €} \cdot 100\,000}{15\,000} = \underline{\underline{3{,}73\text{ €}}}$$

100 000 kWs Wärmeenergie kosten bei Briketts 3,73 €.

2. a) Berechnen Sie für die anderen Energieformen der Tabelle 2 die Kosten für 100 000 kWs
   b) Beurteilen Sie die Kosten zur Energieerzeugung der unterschiedlichen Energieträger.

3. Für ein Gewächshaus wird für die Heizperiode von 8 Monaten ein Bedarf von 380 000 MWs Wärmeenergie veranschlagt.

   a) Berechnen Sie die erforderliche Menge Erdgas in $m^3$ und die Kosten für die Heizperiode (mit einer monatlichen Grundgebühr von 17,50 €).

   b) Berechnen Sie zum Vergleich die Menge Heizöl in Liter und die Kosten (keine Grundgebühr).

   c) Geben Sie die Preisdifferenz in Prozent an. (Heizwerte von 8 Monaten, Wirkungsgrad und Preise siehe Tabelle 2. Setzen Sie eventuell Tagespreise ein.)

4. In einer Gärtnerei wird für die Heizung der Gewächshäuser je Heizungsperiode mit einem Bedarf von 200 kWh Wärmeenergie gerechnet.

   a) Berechnen Sie die Menge und die Kosten beim Heizen mit Heizöl.

   b) Es ist vorgesehen, die Heizung auf Erdgas umzustellen. Berechnen Sie die erforderliche Menge Erdgas in $m^3$ und die Kosten für die Heizperiode in einem 3/4 Jahr (mit einer monatlichen Grundgebühr von 18,50 €).

5. Ein Gärtnereibetrieb braucht jährlich 23 000 l Heizöl. Es wird überlegt, ob nicht auf Erdgas umgestellt werden sollte.

   Vergleichen Sie die Energiekosten von Heizöl und Erdgas unter der Voraussetzung, dass der Energiebedarf unverändert bleibt (Angaben siehe Tabelle 2. Grundgebühr bei Erdgas monatlich 17,50 €).

## 17.2 Energiebedarf zur Temperaturänderung

Haben Sie schon einmal darüber nachgedacht, warum sich im Sommer in der prallen Sonne ein Metallstück stärker erwärmt als Wasser?

Um 1 kg Wasser um 1 °C = 1 K zu erwärmen, ist eine Wärmemenge von 4,19 kJ erforderlich. Bei der Abkühlung um 1 °C gibt 1 kg Wasser die gleiche Wärmeenergie wieder ab. Man bezeichnet diesen Wert als spezifische Wärme. Sie hat den Formelbuchstaben *c*, die Benennung $\frac{\text{kJ}}{\text{kg} \cdot \text{K}}$ und ist materialabhängig.

Spezifische Wärme *c* für einige Stoffe

| Stoff | c in $\frac{\text{kJ}}{\text{kg} \cdot \text{K}}$ |
|---|---|
| Wasser | 4,19 |
| Alkohol | 2,43 |
| Beton | 0,87 |
| Aluminium | 0,90 |
| Eisen | 0,45 |
| Kupfer | 0,38 |
| Blei | 0,13 |

Um die Wärmeenergie zu ermitteln, die erforderlich ist, eine gewisse Wassermenge um eine bestimmte Temperatur zu erwärmen, verwendet man folgende Formel:

Wärmeenergie = spez. Wärme · Masse (d. Wassers) · Temperaturänderung

$$Q = c \cdot m \cdot \Delta\vartheta$$

Formelzeichen:

$Q$ = Wärmeenergie in kJ oder kWs

$c$ = spezifische Wärme in $\frac{\text{kJ}}{\text{kg} \cdot \text{K}}$

$m$ = Masse in kg

$\Delta\vartheta$ = Temperaturänderung, ausgedrückt in K (Kelvin) ≙ °C

**Beispiel:**

Welche Wärmemenge ist erforderlich, um 350 kg (= l) Wasser von 15 °C auf 83 °C zu erwärmen?

Gegeben: $m = 350\ \text{kg}$ Gesucht: $Q$

$\Delta\vartheta = 83\ °\text{C} - 15\ °\text{C} = 68\ °\text{C} = 68\ \text{K}$

$c = 4{,}19\ \frac{\text{kJ}}{\text{kg} \cdot \text{K}}$

$$Q = c \cdot m \cdot \Delta\vartheta$$

$$Q = 4{,}19\ \frac{\text{kJ}}{\text{kg} \cdot \text{K}} \cdot 350\ \text{kg} \cdot 68\ \text{K} = \underline{\underline{99\,722\ \text{kJ}}}$$

## Aufgaben:

1. 520 l Heizungswasser werden von 18 °C auf 82 °C erwärmt.

   Welche Wärmeenergie ist dazu erforderlich?

2. In einer Heizungsanlage fließen innerhalb einer bestimmten Zeit 750 l Wasser durch die Heizungsrohre. Das Wasser kühlt sich dabei von 83 °C auf 71 °C ab.

   Welche Wärmemenge wird in den Gewächshäusern abgegeben?

3. Berechnen Sie die vom Wasser aufgenommene bzw. abgegebene Wärmeenergie.

| | a) | b) | c) | d) |
|---|---|---|---|---|
| Anfangstemperatur | 18 °C | 80 °C | 78 °C | 12 °C |
| Endtemperatur | 35 °C | 65 °C | 66 °C | 80 °C |
| Wassermenge | 250 kg | 73 kg | 300 l | 0,5 $m^3$ |

4. In einem Gewächshaus wurden 15 Heizungsrohre mit je 40 m Länge verlegt. Der Innendurchmesser der Rohre beträgt 65 mm.

   a) Berechnen Sie die Wassermenge in den Heizungsrohren.

   b) Berechnen Sie die Wärmemenge, die bei einer einmaligen Wasserumwälzung abgegeben wird, wenn die Vorlauftemperatur 82 °C und die Rücklauftemperatur 60 °C beträgt?

## 17.3 Energiebedarf in Gewächshäusern

Wenn Pflanzen optimal wachsen sollen, muss die Temperatur stimmen. Da die Temperaturansprüche der Pflanzen jedoch unterschiedlich sind, müssen die einzelnen Gewächshäuser verschieden stark geheizt werden.

Formelzeichen:

$Q$ = Wärmeenergie in Ws oder J

$\dot{Q}$ = Wärmeleistung in W oder $\frac{J}{s}$

$A$ = Oberfläche des Gewächshauses in $m^2$ (Abkühlungsfläche)

$k$ = Wärmedurchgangszahl in $\frac{W}{m^2 \cdot K}$

$1 \frac{W}{m^2 \cdot K}$ bedeutet, dass in einer Sekunde je $m^2$ Oberfläche

bei 1 K Temperaturunterschied zwischen Innen- und Außentemperatur 1 Ws = 1 J Wärmeenergie verloren geht.

$\Delta\vartheta$ = Temperaturunterschied in K

$t$ = Zeit in Stunden (h)

Formel zur Berechnung der Wärmeleistung: $\dot{Q} = k \cdot A \cdot \Delta\vartheta$

Formel zur Berechnung der Wärmeenergie (Arbeit): $Q = k \cdot A \cdot \Delta\vartheta \cdot t$

**Beispiel:**

Ein Gewächshaus hat eine Oberfläche von 750 $m^2$.

Die Wärmedurchgangszahl des Glases beträgt $7{,}5 \frac{W}{m^2 \cdot K}$.

Bei einer Außentemperatur von −6 °C ist eine Innentemperatur von 17 °C erforderlich.

a) Welche Wärmemenge ist stündlich zuzuführen?

Gegeben: $A = 750\ m^2$; $k = 7{,}5 \frac{W}{m^2 \cdot K}$; $\Delta\vartheta = 23\ K$; $t = 1\ h$

Gesucht: $Q$

Formel: $Q = k \cdot A \cdot \Delta\vartheta \cdot t$

Rechnung: $Q = 7{,}5 \frac{W}{m^2 \cdot K} \cdot 750\ m^2 \cdot 23\ K \cdot 1\ h$

$= 129\,375\ Wh = 129{,}375\ kWh$

b) Berechnen Sie die tägliche Heizölmenge in Liter.

| | |
|---|---|
| Heizwert des Heizöls | 42 000 kWs/kg |
| Dichte des Heizöls | 0,85 kg/dm³ |
| Wirkungsgrad der Anlage | 80 % |

Gesamtenergie je l Heizöl:

$$\frac{42\,000\ \text{kWs} \cdot 0{,}85\ \text{kg}}{\text{kg} \cdot \text{l}} = 35\,700\ \frac{\text{kWs}}{\text{l}}$$

Wirksame Energie je l Heizöl:

$$100\ \% \triangleq 35\,700\ \text{kWs}$$
$$1\ \% \triangleq 357\ \text{kWs}$$
$$80\ \% \triangleq 28\,560\ \text{kWs}$$

Energiebedarf in 24 Stunden:

$$465\,750\ \text{kWs} \cdot 24 = 11\,178\,000\ \text{kWs}$$

Heizölbedarf für 24 Stunden:

$$V_{\text{Heizöl}} = \frac{\text{Gesamtenergie}}{\text{Energie je l Heizöl}} = \frac{11\,178\,000\ \text{kWs}}{28\,560\ \text{kWs/l}} = \underline{\underline{391\ \text{l}}}$$

Anmerkung: Da auch durch die Grundfläche des Gewächshauses Wärme entzogen wird, ist der tatsächliche Energie- bzw. Brennstoffbedarf um etwa 20 % höher anzusetzen. Dieser höhere Bedarf wurde bei vorstehender Aufgabe nicht berücksichtigt. Bei ungünstigen Windverhältnissen sowie bei Undichtigkeiten ist der k-Wert mit einem Zuschlag von 10–20 % zu versehen.

Wärmedurchgangszahlen (k-Werte) in $\frac{\text{W}}{\text{m}^2 \cdot \text{K}}$

| | |
|---|---|
| Gewächshausglas | ≈ 7,5 |
| Stegdoppelplatten | ≈ 3,1 |
| 30 cm Betonwand | ≈ 4,0 |
| 36 cm Lochziegelmauer verputzt | ≈ 1,2 |
| 24 cm Lochziegelmauer verputzt | ≈ 1,5 |
| Holzfenster doppelt verglast | ≈ 2,6 |

## Aufgaben:

1. Wie hoch ist der Bedarf an Wärmeenergie je Stunde bei einem Normgewächshaus mit folgenden Maßen: Länge = 40 m, Breite = 12 m, Stehwandhöhe = 2,30 m, Giebelhöhe = 3,00 m? Bei einer Außentemperatur von –5 °C soll die Innentemperatur 16 °C betragen. Der k-Wert der Glasfläche ist mit 7,2 $\frac{\text{W}}{\text{m}^2 \cdot \text{K}}$ angegeben.

2. Ein Gewächshaus hat eine Oberfläche von 1 380 $m^2$ und ist mit Stegdoppelplatten eingedeckt, die eine Wärmedurchgangszahl von 3,1 $\frac{W}{m^2 \cdot K}$ haben.

Berechnen Sie den stündlichen Bedarf an Wärmeenergie und den Energiebedarf im Monat Januar bei einer durchschnittlichen Außentemperatur von −0,1 °C und einer gewünschten Innentemperatur von 19 °C.

3. Ein Gärtner beabsichtigt, in seinen Betrieb folgenden Gewächshausblock mit 45 m Länge zu bauen:

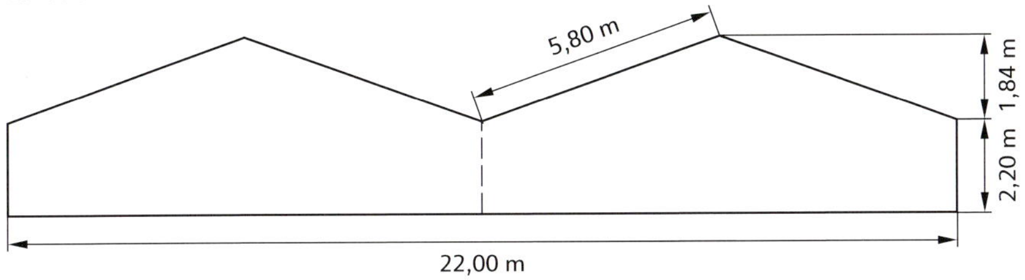


Der Block soll mit Gartenklarglas eingedeckt werden, das eine Wärmedurchgangszahl von 7 $\frac{W}{m^2 \cdot K}$ hat. Die Innentemperatur soll bei einer möglichen Außentemperatur von −18 °C mindestens 16 °C betragen.

Auf dem Weg vom Heizkessel zum Gewächshaus ist mit einem Energieverlust von 7 % zu rechnen.

Reicht der Heizkessel mit einer Leistung von 350 kW?

4. Ein Gärtner beabsichtigt, in seinem Betrieb folgenden Gewächshausblock zu errichten:

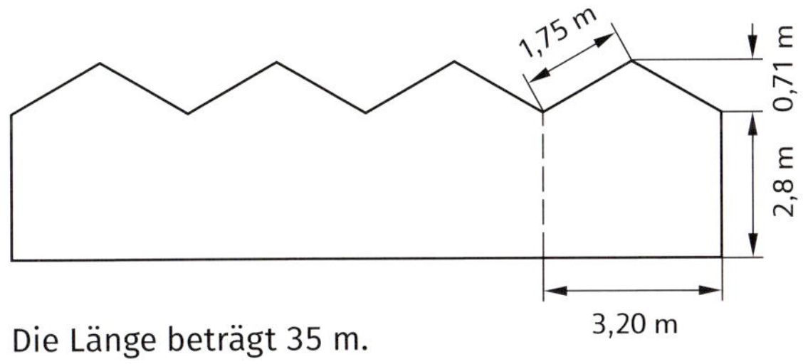


Die Länge beträgt 35 m.

Der Block soll mit Stegdoppelplatten eingedeckt werden, die eine Wärmedurchgangszahl von 3 $\frac{W}{m^2 \cdot K}$ haben.

Die Innentemperatur soll später mindestens 15 °C betragen. Mit einer maximal möglichen Außentemperatur von −20 °C wird gerechnet.

Der Wirkungsgrad der Anlage wird mit 83% angegeben.

a) Wie groß ist die gesamte Glasoberfläche dieses Gewächshausblockes?

b) Welche Heizleistung muss der Kessel haben?

c) Wie hoch sind die Heizkosten im Monat Februar, wenn die durchschnittliche Außentemperatur −1,2 °C, die Innentemperatur 12 °C beträgt, der Heizwert des Heizöles mit 42 740 kJ/kg angegeben wird, 1 l Heizöl 0,48 € kostet und die Dichte des Heizöls 0,835 kg/$dm^3$ beträgt?

5. Berechnen Sie den Wärmeverlust des abgebildeten 50 m langen Gewächshauses für einen Tag = 24 Stunden, an dem die Außentemperatur –8 °C und die gewünschte Innentemperatur 15 °C beträgt.

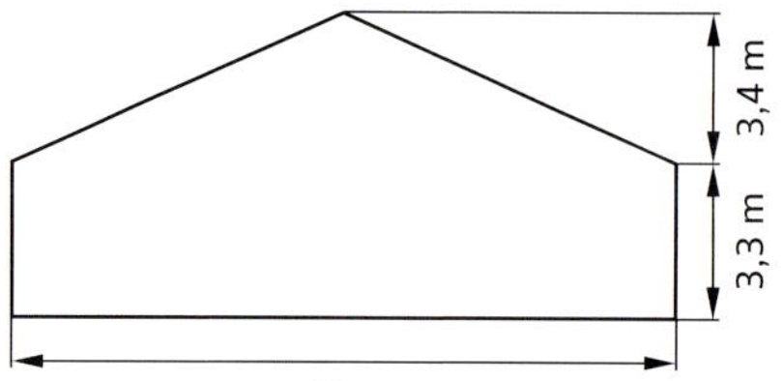


Wie viel Kubikmeter Erdgas können eingespart werden, wenn das Haus statt mit Glas mit Acrylglas-Stegdoppelplatten eingedeckt wird?

Wärmedurchgangszahlen: Glas 7,6 $\frac{W}{m^2 \cdot K}$, Doppelplatten 3,5 $\frac{W}{m^2 \cdot K}$

Heizwert des Erdgases 37 $MWs/m^3$
Wirkungsgrad 85 %

6. Ein Gewächshausblock ist 45 m lang und hat nachstehenden Querschnitt:

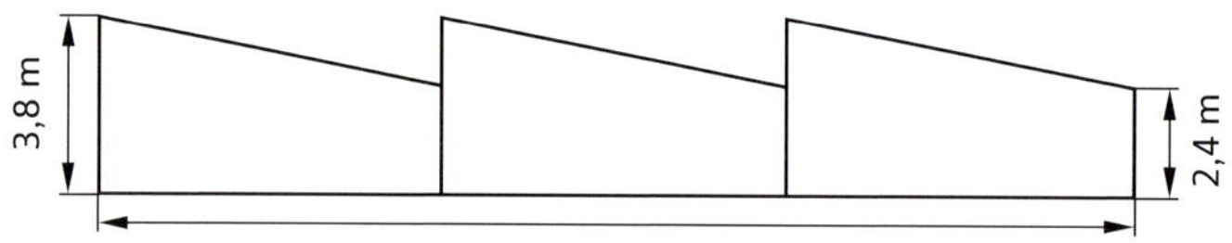


Die Außentemperatur beträgt 5 °C, die Innentemperatur 16 °C.

Berechnen Sie die täglichen Kosten für Heizöl bzw. für Erdgas (Wärmedurchgangszahl 3,5 $\frac{W}{m^2 \cdot K}$).

Entnehmen Sie das übrige Zahlenmaterial der Tabelle 2 auf Seite ???.

7. Eine Heizung hat eine Restkapazität von $\dot{Q}$ = 50 kW. Es soll ein Gewächshaus gebaut werden, das mit dieser Wärmemenge beheizt werden kann. Bei einer Außentemperatur von –5 °C soll die Innentemperatur 15 °C betragen.

Wie groß darf die Oberfläche des Gewächshauses werden (Wärmedurchgangszahl = 3,3 $\frac{W}{m^2 \cdot K}$)?

8. Der Kessel einer Gewächshausheizung hat noch eine Reserve von $\dot{Q}$= 60 kW. Die Innentemperatur eines neu zu bauenden Gewächshauses soll 18 °C betragen, die Außentemperatur wird mit +2 °C angesetzt.

Maße des Gewächshauses:
Breite = 7 m, Traufenhöhe = 2 m, Firsthöhe = 4 m, k-Wert 3 $\frac{W}{m^2 \cdot K}$

Wie lang darf das Gewächshaus werden?

9. Für drei frei stehende Gewächshäuser mit einer Länge von je 40 m, einer Breite von 12 m, einer Traufenhöhe von 2 m und einer Firsthöhe von 5 m soll der Wärmebedarf berechnet werden. Die Innentemperatur des Hauses I beträgt 22 °C, des Hauses II 20 °C und des Hauses III 15 °C. Die durchschnittliche Außentemperatur liegt bei –2 °C.

   Berechnen Sie die Oberflächen der Gewächshäuser, den täglichen Energiebedarf eines jeden Hauses, den Gesamtenergiebedarf, die tägliche Ölmenge und die täglichen Ölkosten bei einem Literpreis von 0,48 € (Heizwert 42 MWs/kg, Dichte von Heizöl = 0,85 kg/dm³).

   k-Wert des 5 mm dicken Glases $4{,}6\,\frac{W}{m^2 \cdot K}$

   Kesselnutzungseffekt 85 %

10. Ein Gewächshaus hat eine Oberfläche von 890 m² (k-Wert $3{,}2\,\frac{W}{m^2 \cdot K}$).

    a) Berechnen Sie den Energiebedarf für den Monat März, wenn die durchschnittliche Außentemperatur 3,7 °C und die Innentemperatur 20,5 °C beträgt.

    b) Wie hoch sind die Kosten für das Heizöl? 1 l kostet 0,48 €, Heizwert 36 000 kWs/l, Kesselnutzungseffekt 84 %.

    c) Berechnen Sie die Ersparnis in Euro, wenn die Nachttemperatur für 12 Stunden um 7 °C gesenkt wird.

11. a) Berechnen Sie den stündlichen Energiebedarf für ein Normgewächshaus. Breite = 11 m, Stehwandhöhe = 2,3 m, Giebelhöhe = 2,75 m, Länge = 40 m, k-Wert $7{,}5\,\frac{W}{m^2 \cdot K}$, Außentemperatur 1,5 °C, Innentemperatur 20 °C.

    b) Wie hoch sind die täglichen Energiekosten? 1 l Heizöl kostet 0,48 €, Heizwert 36 MWs/l, Wirkungsgrad 80 %.

    c) Wie hoch sind die täglichen Energiekosten, wenn die Nachttemperatur für 12 Stunden um 5 °C abgesenkt wird?

    d) Berechnen Sie auch die Energiekosten für einen Tagesquadratmeter und einen Monatsquadratmeter nach den Voraussetzungen von b) und c), wenn von der Grundfläche des Gewächshauses 75 % Nutzfläche und 25 % Wegfläche sind.

12. Ein Gewächshaus hat nebenstehenden Querschnitt und ist 40 m lang. k-Wert = $4{,}6\,\frac{W}{m^2 \cdot K}$, Außentemperatur 3,5 °C, Innentemperatur 16 °C; 1 l Heizöl kostet 0,48 €, Heizwert des Heizöles 36 MWs/l, Wirkungsgrad 80 %.

    Berechnen Sie die Energiekosten für einen Tm², wenn von der Grundfläche 71,5 % Nutzfläche und 28,5 % Wegfläche sind.

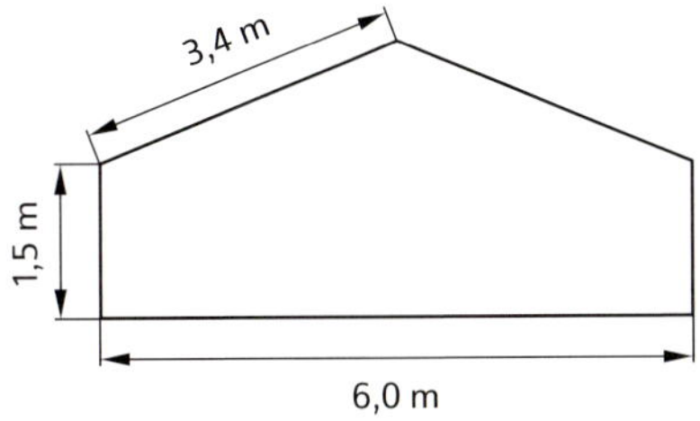

## 17.4 Berechnung der Rohrheizflächen

In Wohnräumen mit Zentralheizung müssen die Heizkörper ausreichend groß sein, damit eine genügende Heizwirkung erzielt wird. Die gleiche Aufgabe wie die Heizkörper in Wohnräumen haben in den Gewächshäusern die Heizrohre.

Die zur Beheizung von Gewächshäusern erforderliche Wärmeenergie muss von den Heizrohren abgegeben werden. Um eine einwandfreie Beheizung zu gewährleisten, ist eine gewisse Rohrheizfläche erforderlich (entspricht in etwa der Oberfläche der Heizungsrohre).

Zur Berechnung werden folgende Größen benötigt:

$\dot{Q}$ = Wärmeleistung

$A_R$ = Rohrheizfläche

$k$ = Wärmedurchgangszahl der Heizrohre

$\Delta\vartheta$ = Temperaturdifferenz zwischen mittlerer Rohrtemperatur und gewünschter Gewächshaustemperatur

$$\text{mittlere Rohrtemperatur} = \frac{\text{Vorlauftemperatur} + \text{Rücklauftemperatur}}{2}$$

Formel für die Berechnung der Rohrheizfläche:

$$A_R = \frac{\dot{Q}}{k \cdot \Delta\vartheta}$$

Zur Berechnung der Rohrlänge gilt folgende Formel:

$$l = \frac{A_R}{d \cdot \pi}$$

$l$ = Rohrlänge

$d$ = Rohrdurchmesser = Nennweite

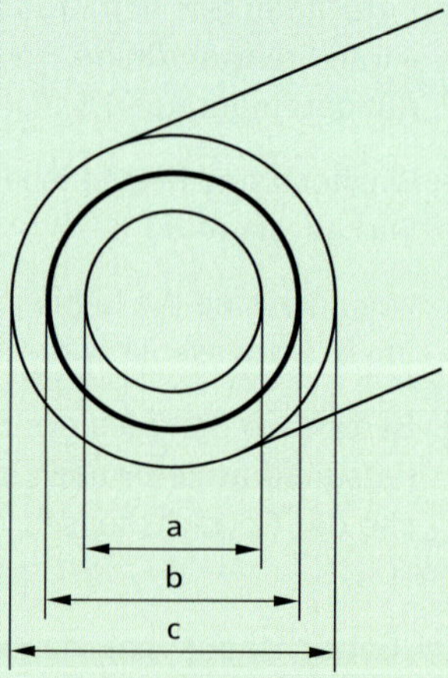


a = innerer Rohrdurchmesser
b = Nennweite
c = äußerer Rohrdurchmesser

$$\text{Nennweite} = \frac{\text{innerer Rohrdurchmesser} + \text{äußerer Rohrdurchmesser}}{2}$$

**Beispiel:**

Der Energiebedarf eines Gewächshauses beträgt maximal 225 kW. Die Innentemperatur muss 20 °C betragen. Das Heizwasser hat eine Vorlauftemperatur von 80 °C und eine Rücklauftemperatur von 70 °C. Die Wärmedurchgangszahl der verwendeten Heizrohre beträgt $12{,}8\ \frac{\text{W}}{\text{m}^2 \cdot \text{K}}$.

a) Wie viel Quadratmeter Rohrheizfläche sind erforderlich?

b) Wie viel Meter Heizrohre sind erforderlich, wenn der Durchmesser der Rohre (Nennweite) 70 mm beträgt?

Zu a) Gegeben: $\dot{Q} = 225\ \text{kW}$; $k = 12{,}8\ \frac{\text{W}}{\text{m}^2 \cdot \text{K}}$;

$$\text{mittlere Rohrtemperatur} = \frac{80\ °\text{C} + 70\ °\text{C}}{2} = 75\ °\text{C}$$

$$\Delta\vartheta = 75\ °\text{C} - 20\ °\text{C} = 55\ °\text{C} \mathrel{\hat{=}} 55\ \text{K}$$

Formel:

$$A_\text{R} = \frac{\dot{Q}}{k \cdot \Delta\vartheta}$$

Rechnung:

$$A_\text{R} = \frac{225\,000\ \text{W}}{12{,}8\ \frac{\text{W}}{\text{m}^2 \cdot \text{K}} \cdot 55\ \text{K}} = \underline{\underline{319{,}6\ \text{m}^2}}$$

Die erforderliche Rohrheizfläche beträgt 319,6 m².

Zu b) Gegeben: $A_\text{R} = 319{,}6\ \text{m}^2$; $d = 70\ \text{mm} = 0{,}07\ \text{m}$

Formel:

$$l = \frac{A_\text{R}}{d \cdot \pi}$$

Rechnung:

$$l = \frac{319{,}6\ \text{m}^2}{20{,}07\ \text{m} \cdot 3{,}14} = \underline{\underline{1\,454\ \text{m}}}$$

Es sind 1 454 m Rohre erforderlich.

## Aufgaben:

1. In einem Gewächshaus beträgt der maximale Wärmebedarf $\dot{Q} = 125\ \text{kW}$.

   **a)** Welche Rohrheizfläche ist erforderlich?
   Innentemperatur 16 °C, Vorlauf 85 °C, Rücklauf 70 °C, $k = 12{,}8\ \frac{\text{W}}{\text{m}^2 \cdot \text{K}}$.

   **b)** Berechnen Sie für Rohre mit einer Nennweite von 65 mm die erforderliche Länge.

2. Berechnen Sie die Länge der erforderlichen Heizrohre:

   $\dot{Q}$= 120 kW, $k$ = 12,8 $\frac{W}{m^2 \cdot K}$, Innentemperatur = 19 °C

   Vorlauf = 80 °C, Rücklauf = 69 °C, Nennweite der Rohre 70 mm

3. In einem Gewächshaus beträgt im Januar der durchschnittliche Wärmebedarf 150 kW.

   a) Berechnen Sie den täglichen Bedarf an Erdgas in $m^3$ (Heizwert des Erdgases 35 MWs/$m^3$, Kesselwirkungsgrad 83 %).

   b) Welche Rohrheizfläche ist erforderlich, um obigen Wärmebedarf in das Gewächshaus zu bringen?
   Innentemperatur 18 °C, Vorlauftemperatur 84 °C, Rücklauftemperatur 70 °C, $k$ = 12,8 $\frac{W}{m^2 \cdot K}$

   c) Berechnen Sie die erforderliche Rohrlänge, wenn Rohre mit einer Nennweite von 75 mm verwendet werden.

4. Gegeben ist ein Gewächshaus mit der Länge 40 m, der Breite 12 m, der Traufenhöhe 2 m und der Firsthöhe 5 m.
   Die Raumtemperatur beträgt 20 °C, die Außentemperatur 6 °C. Die Kesselanlage hat einen Wirkungsgrad von 85 %.

   a) Berechnen Sie den täglichen Ölbedarf und die Ölkosten ($k$ = 3,3 $\frac{W}{m^2 \cdot K}$, Heizwert des Heizöles = 42 MWs/kg, Preis des Heizöles 0,48 €/l, Dichte des Heizöls = 0,85 kg/$dm^3$).

   b) Berechnen Sie für Rohre mit einer Nennweite von 67 mm die erforderliche Länge.
   Vorlauftemperatur = 82 °C, Rücklauftemperatur = 70 °C, $k$ der Heizrohre = 12,8 $\frac{W}{m^2 \cdot K}$

5. Ein Gärtner will ein neues Gewächshaus mit den folgenden Maßen bauen:
   Länge = 40 m, Breite = 12 m, Traufenhöhe = 2,10 m, Firsthöhe = 5 m.
   Bei einer Außentemperatur von −2 °C soll die Innentemperatur 18 °C betragen. Der k-Wert beträgt 6,9 $\frac{W}{m^2 \cdot K}$.

   a) Die vorhandene Heizungsanlage hat einen Wärmeüberschuss von 100 kW. Reicht diese Energie, um das Gewächshaus zu beheizen?

   b) Welche Innentemperatur kann mit dem Wärmeüberschuss erzielt werden?

   c) Berechnen Sie den täglichen Ölbedarf (Heizwert des Heizöls 42 MWs/kg, Wirkungsgrad 78 %, Dichte des Heizöles 0,85 kg/$dm^3$).

   d) Wie hoch ist der tägliche Ölbedarf, wenn nachts für 12 Stunden die Temperatur auf 13 °C abgesenkt wird?

   e) Berechnen Sie die Rohrheizfläche und die Rohrlänge:
   Vorlauf = 80 °C, Rücklauf = 70 °C, $k$ = 12,5 $\frac{W}{m^2 \cdot K}$, Nennweite der Rohre = 70 mm

## 17.5 Elektrizität

Elektrische Anlagen dürfen nur von Fachleuten installiert werden. Warum ist hier das „Selbermachen" verboten?

| | | *Einheit* | |
|---|---|---|---|
| Stromstärke | $I$ | 1 Ampere | = 1 A |
| Spannung | $U$ | 1 Volt | = 1 V |
| Widerstand | $R$ | 1 Ohm | = 1 Ω |
| Leistung | $P$ | 1 Watt | = 1 W |
| Energie (Arbeit) | $W$ | 1 Wattsekunde | = 1 Ws |
| | | 1 Wattstunde | = 1 Wh |
| | | 1 Kilowattstunde | = 1 kWh |

Beachten Sie: 1 kWh = 3 600 kWs = 3 600 000 Ws

Leistung = Spannung · Stromstärke

$$P = U \cdot I$$

Energie = Leistung · Zeit = Spannung · Stromstärke · Zeit

$$W = P \cdot t = U \cdot I \cdot t$$

Ohmsches Gesetz: Widerstand = $\frac{\text{Spannung}}{\text{Stromstärke}}$

$$R = \frac{U}{I}$$

Die einzelnen Stromkreise sind mit Sicherungsautomaten vor Überlastung geschützt.

Diese Sicherungen unterbrechen den Stromkreis, wenn die Stromstärke einen bestimmten Wert überschreitet. Es gibt Sicherungen für 10 A, 16 A, 20 A, 25 A und 35 A.

### Aufgaben:

1. **a)** $P = U \cdot I$
   Stellen Sie diese Formel um nach $U =$ und $I =$

   **b)** $W = P \cdot t$
   Stellen Sie um nach $P =$ und $t =$

   **c)** $R = \frac{U}{I}$
   Stellen Sie um nach $U =$ und $I =$

2. Rechnen Sie um.

a) 10 A in mA und kA
b) 230 V in kV
c) 0,3 V in mV
d) 25 Ω in kΩ und mΩ
e) 100 W in kW
f) 0,02 W in mW
g) 2 kWh in kWs
h) 180 Ws in kWh
i) 0,03 A in mA
k) 700 mA in A

3. Ein Elektrogerät trägt folgende Aufschrift:
$U = 230$ V, $I = 4{,}5$ A

Wie groß sind Leistung und Widerstand dieses Gerätes?

4. Durch eine LED-Lampe fließt ein Strom von 55 mA bei 12 W Leistung.

Berechnen Sie die Spannung.

5. Zählerstand um 10.25 Uhr 1 038,7 kWh
Zählerstand um 10.53 Uhr 1 039,6 kWh
Spannung 230 V

Berechnen Sie die durchschnittliche Leistung des eingeschalteten Elektrogerätes und die Stromstärke.

6. Ein Heizofen mit 750 W setzt 5 kWh in elektrische Arbeit um.

Wie lange war er eingeschaltet?

7. Ein elektrischer Wasserkocher arbeitet mit einer Leistung von 400 W und wird monatlich insgesamt 5 Stunden benutzt.

Berechnen Sie die elektrische Arbeit in einem Monat und die Kosten (1 kWh kostet 0,30 €).

8. a) Berechnen Sie den Strom in einer 15-Watt-LED-Lampe, wenn die Spannung 230 V beträgt.

b) Berechnen Sie den Strom in einer Halogenscheinwerferlampe gleicher Leistung und bei 12 V.

9. Berechnen Sie den Strom und den Widerstand eines Bügeleisens mit der Aufschrift 800 W, 230 V.

10. Für jedes der genannten Elektrogeräte steht ein eigener Stromkreis zur Verfügung. Berechnen Sie, welche Sicherungen jeweils nötig sind.

    a) Elektromotor 3,4 kW, 230 V
    b) Elektromotor 2,3 kW, 230 V
    c) Geschirrspülmaschine 2 900 W, 230 V
    d) Elektrokochplatte 2,5 kW, 230 V

11. Ein Waschvollautomat hat einen Anschlusswert von 2 700 W bei 230 V. Die 10-A-Sicherung brennt während des Waschens immer wieder durch. Stellen Sie fest, warum das so ist und wie abgeholfen werden kann.

## 17.6 Stromkosten

Zwei Berufsschülerinnen unterhalten sich. Die eine sagt: „Mein DVD-Player braucht weniger Strom als eine Glühlampe." Darauf antwortet die andere: „Das kannst du so allgemein nicht behaupten." Warum?

Ein Elektrizitätsversorgungsunternehmen bietet folgende Tarife an:

**Normalstrom**

| | | |
|---|---|---|
| Arbeitspreis | | 18,00 Cent/kWh |
| Grundpreis | | 97,66 €/Jahr |

**Tag-/Nachtstrom**

| | | |
|---|---|---|
| Tag-Zeiten: | von Montag bis Freitag 6.00–22.00 Uhr | |
| Nacht-Zeiten: | von Montag bis Donnerstag 22.00 bis 6.00 Uhr;<br>von Freitag 22.00 Uhr durchgehend<br>bis Montag 6.00 Uhr. | |
| Arbeitspreis | Tag (Hochtarif)<br>Nacht (Niedertarif) | 20,50 Cent/kWh<br>11,50 Cent/kWh |
| Grundpreis | | 113,04 €/Jahr |

In diesen Preisen sind Mehrwertsteuer und Ökosteuer enthalten.

In einem Gartenbaubetrieb werden monatlich im Durchschnitt 950 kWh elektrische Energie bezogen.

Wie hoch ist die jährliche Stromrechnung, wenn der Niedertarif in Anspruch genommen wird und 40 % der elektrischen Energie zur Niedertarifzeit bezogen werden?

Jährlicher Energiebedarf 11 400 kWh, davon 6 840 kWh zur Hochtarifzeit und 4 560 kWh zur Niedertarifzeit.

| | | |
|---|---|---|
| Arbeitspreis Hochtarif | 6 840 kWh · 0,205 €/kWh = | 1 402,20 € |
| Arbeitspreis Niedertarif | 4 560 kWh · 0,115 €/kWh = | 524,40 € |
| Grundpreis | | 113,04 € |
| | | 2 039,64 € |

## Aufgaben:

1. Rechnen Sie mit den Angaben der Beispielaufgabe, wenn der Niedertarif nicht in Anspruch genommen wird und vergleichen Sie.

2. a) Wie hoch sind die monatlichen Energiekosten, wenn im Monat 300 kWh, 600 kWh, 900 kWh oder 1 200 kWh elektrische Energie entnommen werden?

   b) Rechnen Sie mit den Angaben von Aufgabe a, gehen Sie aber davon aus, dass der Niedertarif in Anspruch genommen wird und $3/8$ des Energieaufwandes in die Niedertarifzeit fallen.

3. a) Berechnen Sie Stromverbrauch und Stromkosten (Arbeitspreis) bei nachfolgenden Elektrogeräten in einer Stunde

   | | | | |
   |---|---|---|---|
   | LED-Lampe | 15 W | Elektromotor | 6 kW |
   | Tauchsieder | 800 W | Elektromotor | 12 PS (1 PS ≙ 736 W) |

   1 kWh kostet einschließlich Mehrwertsteuer 0,23 €.

   b) In welcher Zeit wird für alle 4 Geräte elektrische Energie im Wert von 1,00 € entnommen?

Bei Kurztagpflanzen findet die Blütenbildung nur bei einer Taglänge von unter 12 Stunden statt. Wichtig ist dabei eine durchgehend lange Nacht. Wenn die Blütenbildung in einer bestimmten Entwicklungsphase verhindert werden soll, kann dies durch Belichtung erreicht werden.

Es bieten sich mehrere Möglichkeiten an:

a) Dauerlicht, z. B. von 21.00 Uhr bis 24.00 Uhr oder 1.00 Uhr (3 oder 4 Stunden)

b) Periodische Belichtung,
z. B. 2 Minuten Licht und 8 Minuten Dunkelheit oder
6 Minuten Licht und 24 Minuten Dunkelheit oder
15 Minuten Licht und 45 Minuten Dunkelheit und
dies 4 oder 5 Stunden lang.

4. Damit Begonia-Elatior-Hybriden nicht zu früh zu blühen beginnen, werden sie vom 5. September bis 30. Oktober mit 50 W/m² belichtet. Die Töpfe stehen am 5. September im Abstand von 18 cm · 18 cm und werden am 25. Oktober auf einen Abstand von 26 cm · 26 cm gerückt.

   Berechnen Sie die Stromkosten für 1 000 Pflanzen, wenn in dem angegebenen Zeitraum jeweils von 21.00 Uhr bis 24.00 Uhr belichtet wird. 1 kWh kostet 0,23 €.

   Vergleichen Sie die Stromkosten, wenn von 21.00 Uhr bis 1.00 Uhr periodisch, 15 Minuten Licht, 45 Minuten Dunkelheit, belichtet wird.

5. In einem 12 m breiten und 36 m langen Gewächshaus wurden im Abstand von 20 cm · 20 cm Schnitt-Chrysanthemen gepflanzt. Die bepflanzte Nutzfläche beträgt 76 %. Durch Belichtung mit 80 W/m² zwischen dem 10. Januar und 25. Februar soll erreicht werden, dass die Pflanzen erst zum Muttertag Anfang Mai in voller Blüte sind.

   Berechnen Sie die Stromkosten für die Belichtung, wenn zwischen folgenden Möglichkeiten zu entscheiden ist:

   a) Dauerbelichtung:
   10. Januar bis 31. Januar von 22.00 Uhr bis 3.00 Uhr
   1. Februar bis 25. Februar von 22.00 Uhr bis 2.00 Uhr

   b) Periodische Belichtung – 6 Minuten Belichtung, 24 Minuten Dunkelheit:
   10. Januar bis 31. Januar von 21.00 Uhr bis 4.00 Uhr
   1. Februar bis 25. Februar von 21.00 Uhr bis 3.00 Uhr

   1 kWh kostet 0,115 € (Nachtstrom).

# 18 Kostenvergleiche

## 18.1 Preisgünstiger Einkauf

Ein erfolgreicher Unternehmer reduziert u. a. seine Kosten, um seine Gewinne zu maximieren. Eine Möglichkeit ist, kostengünstig einzukaufen.

Wird ein bestimmtes Produkt in verschiedenen Packungsgrößen angeboten, so ist immer auf den Preis für eine bestimmte Mengeneinheit umzurechnen, wenn man einen Kostenvergleich anstellen möchte.

**Beispiel:**

Ein Pflanzenschutzmittel gibt es in folgenden drei Packungsgrößen:

100 ml zu 3,70 €, 500 ml zu 11,30 €, 2,5 l zu 38,25 €

Der Preis für 1 l Konzentrat ist zu berechnen.

$$\text{Preis je l} = \frac{\text{Preis der Packung}}{\text{Volumen in l}}$$

$$= \frac{3{,}70\text{ €}}{0{,}1\text{ l}} = 37{,}00\text{ €/l}$$

$$= \frac{11{,}30\text{ €}}{0{,}5\text{ l}} = 22{,}60\text{ €/l}$$

$$= \frac{38{,}25\text{ €}}{2{,}5\text{ l}} = 15{,}30\text{ €/l}$$

## Aufgaben:

1. Eine Großhandlung für Gärtnereibedarf bietet flüssigen Hydrokulturdünger an:

| | |
|---|---|
| 250-ml-Flasche | 1,80 € |
| 10-l-Kanister | 16,50 € |
| 20-l-Kanister | 29,60 € |
| 200-l-Fass | 273,90 € |

Berechnen Sie jeweils die Kosten für 1 l Dünger.

2. Gärtner Müller und Gärtner Maier benötigen 0,5 Liter eines Pflanzenschutzmittels im Zeitraum von fünf Monaten. Eine 100-ml-Packung kostet 14,35 € und eine 500-ml-Packung 56,35 €.
Gärtner Müller kauft sein Pflanzenschutzmittel jeweils in 100-ml-Packungen, Gärtner Maier bevorzugt den Einkauf von einer 500-ml-Packung.

   a) Berechnen Sie die prozentuale Einsparung von Herrn Maier.

   b) Berechnen Sie die Kosten von Herrn Maier, der nach drei Monaten feststellen muss, dass er das Pflanzenschutzmittel nicht mehr verwenden kann und er erneut Pflanzenschutzmittel einkaufen muss.

3. Ein Pflanzenschutzmittel zur Teichbepflanzung wird in folgenden Packungen angeboten:
250 g zu 16,40 €, 2,5 kg zu 58,00 €, 15,0 kg zu 230,00 €

Vergleichen Sie die Preise je kg.

4. Ein Saatzuchtbetrieb bietet Sämereien an. Einige Beispiele aus der Preisliste:

| | |
|---|---|
| Astern Super Prinzess | 100 g 120,00 €; 10 g 13,50 €; 1 g 2,20 € |
| Lobelien | 100 g 220,00 €; 10 g 24,00 €; 1 g 3,40 € |
| Tagetes Bolero | 100 g 70,00 €; 10 g 9,00 €; 1 g 1,30 € |
| Cyclamen Christatum | 5 000 Korn 362,50 €; 2 000 Korn 148,00 €; 250 Korn 19,00 €; 100 Korn 8,00 € |
| Pelargonien Sprinter | 10 000 Korn 737,50 €; 2 500 Korn 191,85 €; 250 Korn 19,90 €; 100 Korn 9,00 € |
| Schefflera arboricola | 10 000 Korn 230,00 €; 2 500 Korn 60,00 €; 250 Korn 6,25 €; 100 Korn 3,20 € |

Berechnen Sie den Preis für 1 kg bzw. für 1 000 Körner.

5. Die Gärtnerei Kunze hat einen Großauftrag zur Grabeindeckung erhalten.

Vom Großhändler erhält die Gärtnerei folgende Angebote:
Angebot A: Fichtenzweige: 2,13 €/kg, 45 % Abfall
Angebot B: Tannenzweige: 4,10 €/kg, 20 % Abfall

Ermitteln Sie, welches Angebot für die Gärtnerei Kunze das preisgünstigere ist.

## 18.2 Rabatt, Skonto, Verzinsung

Überlegen Sie, warum ein Unternehmer nicht nur Fachmann in seiner Branche, sondern auch Kaufmann sein muss.

Rabatt = ein Preisnachlass des Lieferanten, der dem Käufer ohne Berücksichtigung des Zahlungszeitpunktes gewährt wird, z. B. Mengenrabatt, Treuerabatt, Sonderrabatt.

Skonto = ein prozentual berechneter Preisnachlass, der dann eingeräumt wird, wenn die Rechnung innerhalb einer bestimmten Frist bezahlt wird.

Es wäre falsch, die Prozentsätze von Rabatt und Skonto zusammenzuzählen (z. B. 10 % Rabatt + 2 % Skonto = 12 %) und die Preisermäßigung in einem Schritt auszurechnen. Skonto wird erst vom ermäßigten Betrag (Listenpreis – Rabatt) errechnet. Bezugskosten sind Kosten, die mit dem Erwerb der Ware in Zusammenhang stehen, z. B. Transportkosten der Ware.

**Beispiel 1:**

Ein Gärtner beabsichtigt, einen Traktor mit verschiedenen Anbaugeräten zu kaufen. Der Händler bietet einen Traktor für 9 500,00 € an. Wenn er bis 15. Januar kaufen würde, bekäme er einen Winterrabatt von 9 % und bei Barzahlung noch 2 % Skonto. Er müsste die Kaufsumme allerdings von der Bank leihen und könnte erst am 1. Juli zurückzahlen. Der Kreditzins beträgt 4,9 %.

Sollte man am 15. Januar oder am 1. Juli (ebenfalls 2 % Skonto) kaufen?

| | | | |
|---|---|---|---|
| a) Aufwand bei Kauf am 15. Januar: | Listenpreis | | 9 500,00 € |
| | – 9 % Rabatt | | 855,00 € |
| | | | 8 645,00 € |
| | – 2 % Skonto | | 172,90 € |
| | | | 8 472,10 € |
| Zinsen für 165 Tage: $\frac{8\,472{,}10\text{ €} \cdot 4{,}9 \cdot 165}{100 \cdot 360}$ | | = | 190,27 € |
| | | = | 8 662,37 € |
| b) Aufwand bei Kauf am 1. Juli: | Listenpreis | | 9 500,00 € |
| | – 2 % Skonto | | 190,00 € |
| | | | 9 310,00 € |

**Beispiel 2:**

Auf einen Rechnungsbetrag werden 8 % Rabatt und 3 % Skonto gewährt. Der Gesamtnachlass beträgt 269,00 €.

Wie hoch ist der ursprüngliche Rechnungsbetrag?

| | |
|---|---|
| | 100,00 % (Rechnungsbetrag) |
| | – 8,00 % (Rabatt) |
| | 92,00 % (Zielpreis) |
| – 3 % von 92 % | 2,76 % (Skonto vom Rechnungsbetrag) |
| | 89,24 % (Barpreis) |

Der Nachlass beträgt 100,00 % – 89,24 % = 10,76 %

$$10{,}76\ \% \mathrel{\hat{=}} 269{,}00\ €$$
$$1{,}00\ \% \mathrel{\hat{=}} 269{,}00\ € : 10{,}76 = 25{,}00\ €$$
$$100{,}00\ \% \mathrel{\hat{=}} 25{,}00\ € \cdot 100 = \underline{\underline{2\,500{,}00\ €}}$$

## Aufgaben:

1. Eine Gärtnerei möchte Keramikschalen kaufen. Der Großhändler unterbreitet dem Unternehmen bei einer Mindestabnahme von 40 Stück folgendes Angebot:

   Stückpreis: 8,95 €
   Rabatt: 7 %
   Skonto: 3 %
   Bezugskosten: 0,12 €/Stück
   Der Unternehmer kalkuliert mit 55 % Handlungsgemeinkosten (z. B. Miete, Löhne, Abschreibung) und 7,5 % Gewinn.

   Berechnen Sie nach diesen Angaben den Verkaufspreis und berücksichtigen Sie dabei eine Mehrwertsteuer von derzeit 19 %.

2. Ein Händler bietet ein Stäubegerät zum Listenpreis von 660,00 € an. Er gewährt 9 % Rabatt und 3 % Skonto.

   Wie viel ist bar zu bezahlen?

3. Der Listenpreis für eine Motorkarrenspritze beträgt 1 465,00 €. Der Händler gewährt 7 % Rabatt und bei Barzahlung 2 % Skonto.

   Berechnen Sie den Barzahlungspreis.

4. Ein Erddämpfgerät kostet laut Preisliste 3 100,00 €. Es wird bis zum 10. Januar mit einem Winterrabatt von 9 % angeboten. Bei Barzahlung werden 2 % Skonto gewährt.

   Ein Gärtner benötigt das Erddämpfgerät am 15. Juni. Er könnte dann bar bezahlen. Wenn er am 10. Januar kaufen würde, müsste er bei der Bank für den Kaufpreis einen Kredit mit 10,5 % Zins aufnehmen.

   Vergleichen Sie die Kosten.

5. Eine 25 Jahre alte Topfmaschine soll zum günstigen Sonderpreis von 1 550,00 € verkauft werden. Momentan hat Frau Seldmann nur 790,00 € zur Verfügung. Für die Höhe des Restbetrages muss sie einen Kredit für 3 Monate aufnehmen, dafür fallen Zinsen in Höhe von 4,9 % an.

   Berechnen Sie den tatsächlichen Preis, den Frau Seldmann für die Topfmaschine bezahlen muss.

6. 40 dt Mehrnährstoffdünger kosten 2 288,00 €. Bei Barzahlung innerhalb 8 Tagen gewährt das Lagerhaus 2 % Skonto.
   Da der Rechnungsbetrag zurzeit nicht zur Verfügung steht, wird für 3 Monate das Girokonto überzogen, wofür 10,5 % Zins berechnet werden. Es wird innerhalb der Skontofrist bezahlt.

   Wie hoch sind die Gesamtkosten für den Dünger?

7. Ein Betrieb erhält am 30.5. eine Rechnung über 785,00 €. Die Zahlungsbedingungen werden folgendermaßen angegeben:
   10 Tage 2 % Skonto, 30 Tage netto, bei späterer Zahlung 9,5 % Verzugszinsen. Die Rechnung wurde erst am 12. August bezahlt.

   Wie viel Euro mussten mehr bezahlt werden?

# 19 Kalkulation

Kalkulation ist die rechnerische Ermittlung des Preises von Waren und Dienstleistungen.

## 19.1 Feste Kosten und Betriebskosten

Kosten stehen, betriebswirtschaftlich gesehen, für den Verbrauch an Produktionsfaktoren, gemessen in Geldeinheiten, die zur Erstellung einer betrieblichen Leistung notwendig sind.

Bei der Berechnung von Maschinenkosten sind immer zwei Kostengruppen zu unterscheiden:

| **Feste Kosten** (Kapitalkosten, Fixkosten) | | **Betriebskosten** (variable Kosten) |
|---|---|---|
| Sie beziehen sich im Allgemeinen auf ein Jahr und entstehen in gleicher Höhe, unabhängig davon, ob eine Maschine wenig oder viel eingesetzt wird. | + | Sie werden durch den Betrieb der Maschine verursacht und beziehen sich entweder auf eine Betriebsstunde, eine Flächeneinheit (ha oder a), ein Stück oder beim Pkw auf einen gefahrenen km. |

Zu den **festen Kosten** gehören:

Abschreibung: Darunter versteht man die jährliche Wertminderung infolge Abnutzung oder technischer Veralterung. Beträgt die voraussichtliche Lebensdauer 10 Jahre, so sind jährlich 10 % des Anschaffungspreises abzuschreiben. Am Ende der Nutzungsdauer ist der Wert der Maschine gleich null.

Es gelten folgende Formeln:

$$\text{Abschreibung in €} = \frac{\text{Anschaffungspreis}}{\text{Nutzungsdauer in Jahren}}$$

$$\text{Abschreibung in \%} = \frac{100\ \%}{\text{Nutzungsdauer in Jahren}}$$

Verzinsung: Wenn das Geld, das zum Kauf der Maschine verwendet wurde, auf der Bank liegen würde, brächte es Zinsen. Wird die Maschine mit Fremdmitteln gekauft, müssen Zinsen bezahlt werden.

Allerdings darf der Zinsanspruch in voller Höhe des Kaufpreises nicht über die gesamte Nutzungsdauer gerechnet werden, da durch die Abschreibung der Wert der Maschine ständig kleiner wird. Zur Vereinfachung rechnet man mit dem Durchschnittswert. Dies ist der halbe Anschaffungspreis.

$$\text{Verzinsung} = \frac{\text{Anschaffungspreis}}{2} \cdot \text{Zinssatz}$$

In der Regel setzt man einen Zinssatz von 2–6 % ein.

Auch Steuern (z. B. die Kfz-Steuer), Versicherungen (z. B. die Kfz-Haftpflichtversicherung) und Unterbringungskosten sind feste Kosten.

Zu den **Betriebskosten** gehören:

Betriebsstoffkosten: Bei elektrischen Maschinen sind dies die Stromkosten und bei Maschinen mit Verbrennungsmotoren die Kraftstoffkosten.

Kosten für Hilfsstoffe: Hierzu werden z. B. Schmierstoffe, auch Wasser und Waschmittel bei Waschmaschinen gerechnet.

Reparaturkosten: Man rechnet im Allgemeinen, dass bei einer Maschine während ihrer Lebensdauer 25–50 % des Anschaffungspreises an Reparaturkosten anfallen.

Auch die Arbeitskosten sind Betriebskosten.

**Beachten Sie:**

Für den in der Agrarwirtschaft benötigten Dieselkraftstoff wird vom Staat auf Antrag ein Betrag von 21,48 Cent pro Liter rückvergütet. Diese Rückvergütung ist so gering, dass sie bei den nachfolgenden Berechnungen nicht berücksichtigt werden muss.

Für einen Gärtnereibetrieb wird ein Kombiwagen mit 60 kW zum Preis von 21 000,00 € gekauft.

Es wird mit einer Betriebsdauer von 8 Jahren gerechnet. Die Verzinsung beträgt 6 % des halben Anschaffungspreises.

Mit folgenden Kosten ist zu kalkulieren:

Kfz-Steuer jährlich 121,20 €; Versicherung jährlich 349,20 €; Garagenkosten monatlich 40,00 €. Kraftstoffverbrauch je 100 km 8,5 l Benzin, 1 l E 10 kostet 1,29 €, Ölkosten je 100 km 0,35 €. Die Reparaturkosten betragen unter der Voraussetzung, dass im Jahr 16 000 km gefahren werden, in den 8 Jahren 27 % des Anschaffungspreises.

a) Wie hoch sind die jährlichen Gesamtkosten, wenn 4 000 km, 8 000 km, 12 000 km, 16 000 km bzw. 20 000 km im Jahr gefahren werden?

b) Wie hoch sind die Gesamtkosten je gefahrenen km bei den unter a) genannten jährlichen Fahrstrecken?

c) Beide Ergebnisse sind auch grafisch darzustellen.

a) Jährliche Gesamtkosten

1. Feste Kosten jährlich

| | |
|---|---:|
| Abschreibung 21 000,00 € : 8 = | 2 625,00 € |
| Verzinsung 6 % von 10 500,00 € = | 630,00 € |
| Kfz-Steuer | 121,20 € |
| Haftpflichtversicherung | 349,20 € |
| Garagenkosten 40,00 € · 12 = | 240,00 € |
| | 3 965,40 € |

2. Betriebskosten für 100 km

| | |
|---|---:|
| Kraftstoff 8,5 l · 1,29 €/l = | 10,97 € |
| Öl | 0,35 € |
| Reparaturkosten $\frac{27\ \%\ \text{von}\ 21\,000{,}00\ € \cdot 100\ \text{km}}{8 \cdot 16\,000\ \text{km}} =$ | 4,43 € |
| | 15,75 € |

3. Gesamtkosten

| | |
|---|---:|
| Beispiel 4 000 km | |
| Feste Kosten | 3 965,40 € |
| Betriebskosten 15,75 € · 40 = | 630,00 € |
| | 4 595,40 € |

| km/Jahr | | 4000 | 8000 | 12000 | 16000 | 20000 |
|---|---|---|---|---|---|---|
| Feste Kosten/km | € | 3965,40 | 3965,40 | 3965,40 | 3965,40 | 3965,40 |
| Betriebskosten/km | € | 630,00 | 1260,00 | 1890,00 | 2520,00 | 3150,00 |
| Gesamtkosten | € | 4595,40 | 5225,40 | 5855,40 | 6485,40 | 7115,40 |

b) Gesamtkosten je km, Beispiel 4000 km

| | | |
|---|---|---|
| Feste Kosten | 3965,40 € : 4000 = | 0,9914 € |
| Betriebskosten | 15,75 € : 100 = | 0,1575 € |
| | | 1,1489 € |

| km/Jahr | | 4000 | 8000 | 12000 | 16000 | 20000 |
|---|---|---|---|---|---|---|
| Feste Kosten/km | € | 0,9914 | 0,4957 | 0,3305 | 0,2478 | 0,1983 |
| Betriebskosten/km | € | 0,1575 | 0,1575 | 0,1575 | 0,1575 | 0,1575 |
| Gesamtkosten | € | 1,1489 | 0,6532 | 0,488 | 0,4053 | 0,3558 |

c) Kosten grafisch dargestellt

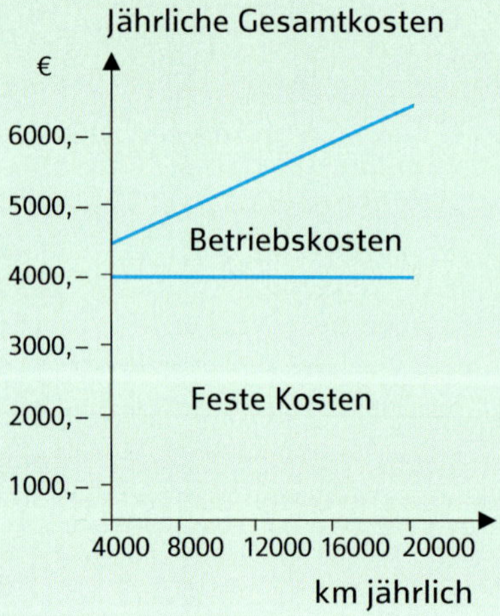


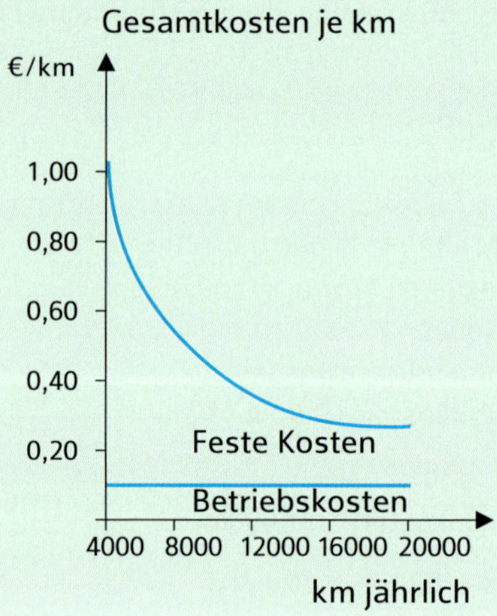


## Aufgaben:

1. a) Berechnen Sie die Abschreibung in Prozent pro Jahr, wenn die voraussichtliche Lebensdauer einer Maschine 5 Jahre (6 Jahre, 8 Jahre, 10 Jahre, 12 Jahre, 15 Jahre, 17 Jahre, 20 Jahre) beträgt.

   b) Wie lange ist die Lebensdauer einer Maschine, wenn sie mit 5 % (8 %, 10 %, 12 %, 15 %, 18 %, 20 %, 25 %) abgeschrieben wird?

2. Ein Bodenbearbeitungsgerät kostet 1750,00 €. Es wird mit einer Lebensdauer von 12 Jahren gerechnet. Die Verzinsung beträgt 7 % vom halben Anschaffungspreis.

   Wie hoch sind die jährlichen Festkosten?

3. Für einen Betrieb wird ein Pkw mit einer Motorleistung von 74 kW zum Preis von 17 000,00 € gekauft.

   Berechnen Sie die jährlichen Gesamtkosten sowie die Gesamtkosten für einen gefahrenen km, wenn die jährliche Fahrleistung 7 500 km, 10 000 km, 12 500 km, 15 000 km, 17 500 km bzw. 20 000 km beträgt.

   Es wird mit einer Betriebsdauer von 7 Jahren gerechnet. Die Verzinsung beträgt 6 % des halben Anschaffungspreises.

   Weitere Angaben: Kfz-Steuer 129,60 €; Versicherung 403,00 €; Garagenkosten 180,00 € im Jahr

   Kraftstoffverbrauch: 8 l Benzin je 100 km, 1 l kostet 1,29 €

   Durchschnittliche Kosten für Öl je 100 km: 0,35 €

   Für Reparaturkosten werden innerhalb der sieben Jahre 35 % der Anschaffungskosten angesetzt, unter der Voraussetzung, dass im Jahr 15 000 km gefahren werden.

4. Ein Traktor mit 35 kW kostet 17 500,00 €. Es wird mit einer Lebensdauer von 10 Jahren bei jährlich 1 000 Einsatzstunden gerechnet.
   Die Verzinsung beträgt 6 % vom halben Anschaffungspreis.

   An Garagenkosten werden jährlich 150,00 € und für Versicherung 90,00 € veranschlagt.

   Der Kraftstoffverbrauch beträgt in der Stunde 0,135 l je kW. Preis je l Dieselkraftstoff 1,12 €.

   Der Ölverbrauch wird mit 3 % des Kraftstoffverbrauchs angesetzt. Ein Liter HD-Öl kostet 3,20 €. Abschmierfett wird im Jahr bei 1 000 Betriebsstunden für 13,00 € benötigt.

   An Reparaturkosten fallen in 10 Jahren 40 % des Anschaffungpreises an, im Jahr also 4,0 %.

   Bei der Berechnung der Reparaturkosten ist davon auszugehen, dass der Traktor im Jahr 1 000 Stunden eingesetzt ist.

   a) Wie hoch sind die Gesamtkosten je Arbeitsstunde, wenn der Traktor im Jahr 200, 400, 600, 800 bzw. 1 000 Stunden eingesetzt wird?

   b) Stellen Sie die Einsatzzeit in Abhängigkeit von den Gesamtkosten grafisch dar und vergleichen Sie die Kosten.

5. Herr Müller überlegt, ob er sich für seinen Einkauf im Großmarkt, den er zweimal in der Woche anfährt (einfache Entfernung: 35 km), entweder

   a) jeweils einen Transporter mietet oder
   b) sich einen Transporter kauft.

   Überzeugen Sie ihn rechnerisch von der günstigeren Variante und beachten Sie dabei Folgendes:

   | | |
   |---|---|
   | Kosten für Mietauto: | 57,00 €/Tag (inkl. Benzin für 100 km) |
   | Kosten für Kauf: | Anschaffungskosten 19 000,00 € (Barzahlung) |
   | Betriebsdauer: | 8 Jahre |
   | Kfz-Steuer: | 115,70 €/Jahr |
   | Versicherung: | 408,75 €/Jahr |
   | Garagenkosten: | 150,00 €/Jahr |
   | Reparaturkosten: | 28 % des Anschaffungspreises bei 8-jähriger Nutzung |
   | Kraftstoff: | 10,2 Liter Benzin/100 km (1 Liter kostet 1,29 €) |
   | Ölkosten: | 0,12 €/100 km |

6. Eine Pflanzmaschine kostet 10 500,00 €. Die Lebensdauer wird mit 15 Jahren angenommen. Die Verzinsung beträgt 8 % des halben Anschaffungspreises, die Garagenmiete im Jahr 90,00 €, die Versicherung 50,00 €.

   Je Arbeitsstunde werden 3,5 l Dieselkraftstoff verbraucht. Ein Liter kostet 1,12 €. Der Ölverbrauch wird mit 2,5 % des Kraftstoffverbrauches angesetzt. Ein Liter HD-Öl kostet 2,90 €. Bei 200 Arbeitsstunden im Jahr werden für 6,50 € Schmiermittel benötigt. Unter der Voraussetzung, dass die Maschine im Jahr 200 Stunden eingesetzt wird, betragen die Reparaturkosten jährlich 2 % des Anschaffungspreises.

   Wie hoch sind die Gesamtkosten je Arbeitsstunde bei 100, 200 bzw. 300 Arbeitsstunden im Jahr?

7. In einem Betrieb sind in 4 Tagen 80 000 Pelargonien einzutopfen. Es kann eine Topfmaschine mit einer Stundenleistung von 2 500 Töpfen eingesetzt werden (8 Personen Bedienungspersonal) oder es ist eine entsprechende Anzahl von Gärtnern zu beschäftigen (4 Arbeitstage á 8 Stunden, Arbeitsleistung 125 Töpfe je Arbeitskraft-Einheit in der Stunde [Akh]).

   | | | |
   |---|---|---|
   | Lohnkosten: | 16,50 €/Akh | |
   | Kapitalkosten: | Anschaffungspreis der Topfmaschine | = 8 750,00 € |
   | | Abschreibungszeitraum | = 10 Jahre |
   | | Jährliche Wartungsaufwand | = 5 % des Anschaffungspreises |
   | | Jährliche Verzinsung | = 6,25 % des halben Anschaffungspreises |
   | | Anteil am jährlichen Topfaufwand für Pelargonien | = 20 % |
   | Betriebskosten: | Motorleistung 1 500 Watt | |

## 19.2 Preisbildung für Handelsware

Der Preis für Handelswaren wird durch den Unternehmer frei gebildet und unterliegt den Gesetzen des Marktes. Der Prozess der Preisbildung ist komplex und wird durch verschiedene Faktoren beeinflusst: Nicht nur ausschließlich die Betrachtung der Kosten, sondern auch die Interpretation der Wettbewerbssituation, die Marktpositionierung und die aktuellen Marktgegebenheiten sind unbedingt zu beachten.

Für den Einkauf von Handelsware gelten folgende Begriffe:

**Brutto-Listeneinkaufspreis**
In der Preisliste ist der Preis einschließlich Mehrwertsteuer angegeben.

**Netto-Listeneinkaufspreis**
Entweder enthält die Preisliste die Preise ohne Mehrwertsteuer oder vom Brutto-Listeneinkaufspreis wird die MwSt. abgezogen.

**Zieleinkaufspreis**
Vom Netto-Listenpreis wird der Rabatt abgezogen, den der Lieferant seinem Kunden gewährt.

**Bareinkaufspreis**
Bei sofortiger Zahlung wird in der Regel ein Skonto gewährt.

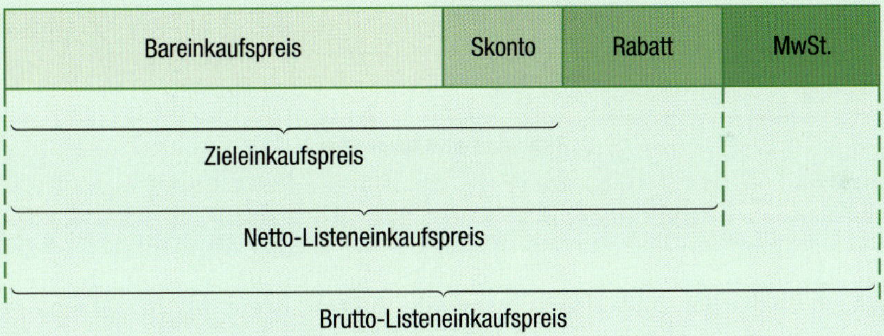


Begriffe zur Ermittlung des Verkaufspreises:

**Einkaufpreis** = Bar- oder Zieleinkaufspreis

**Bezugskosten** = Fracht-, Porto-, Transportkosten, Verpackung

**Bezugs- oder Einstandspreis** = Einkaufspreis + Bezugskosten

**Gemeinkosten** = Verkaufskosten, Lagerkosten, Verzinsung, Werbung, Verluste, Steuern, Versicherungen

**Selbstkostenpreis** = Bezugspreis + Gemeinkosten

**Gewinn** = Ein bestimmter Prozentsatz des Selbstkostenpreises wird aufgeschlagen.

**Barverkaufspreis** = Selbstkostenpreis + Gewinn

**Skonto** = Er wird dem Kunden bei Barzahlung gewährt.

**Zielverkaufspreis** = Barverkaufspreis + Skonto

**Rabatt** = Ein Preisnachlass, der unter bestimmten Voraussetzungen gewährt wird.

**Netto-Listenverkaufspreis** = Zieleinkaufspreis + Rabatt

**Mehrwertsteuer** = 19 %, 9 % oder 7%

**Brutto-Listenverkaufspreis** = Netto-Listenverkaufspreis + MwSt.

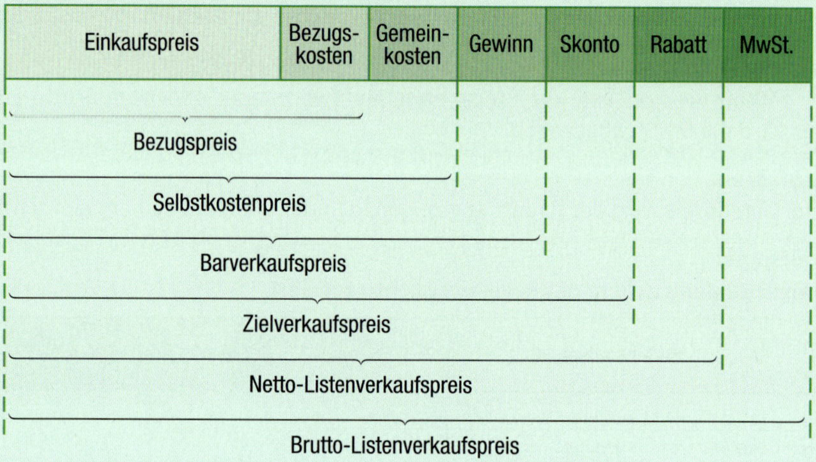


**Beispiel:**

a) Wie hoch ist der Bar-Einkaufspreis, wenn der Brutto-Listenpreis 742,00 € beträgt, 19 % Mehrwertsteuer, 24 % Rabatt und 2 % Skonto zu berücksichtigen sind?

| | | |
|---|---|---|
| Brutto-Listeneinkaufspreis | 742,00 € | ≙ 119 % |
| – 19 % Mehrwertsteuer | 118,47 € | |
| Netto-Listeneinkaufspreis | 623,53 € | ≙ 100 % |
| – 24 % Rabatt | 149,65 € | |
| Zieleinkaufspreis | 473,88 € | ≙ 100 % |
| – 2 % Skonto | 9,48 € | |
| Bareinkaufspreis | 464,40 € | |

b) Zu berechnen ist der Brutto-Listenverkaufspreis für die gleiche Ware, wenn die Bezugskosten 8,20 €, die Gemeinkosten 35 %, der Gewinn 12 %, der Skonto 2 %, der Rabatt 10 % und die MwSt. 19 % betragen.

| | | | |
|---|---|---|---|
| Netto-Einkaufspreis | 464,40 € | | |
| + Bezugskosten | 8,20 € | | |
| Bezugspreis | 472,60 € | ≙ | 100 % |
| + 35 % Gemeinkosten | 165,41 € | | |
| Selbstkostenpreis | 638,01 € | ≙ | 100 % |
| + 12 % Gewinn | 76,56 € | | |
| Barverkaufspreis | 714,57 € | ≙ | 98 % |
| + 2 % Skonto | 14,58 € | | |
| Zielverkaufspreis | 729,15 € | ≙ | 90 % |
| + 10 % Rabatt | 81,02 € | | |
| Netto-Listenverkaufspreis | 810,17 € | ≙ | 100 % |
| + 19 % Mehrwertsteuer | 153,93 € | | |
| Brutto-Listenverkaufspreis | 964,10 € | | |

Beachten Sie: Für die Berechnung des Rabattes und der MwSt. gilt immer der Nettopreis, für die Berechnung des Skontos der Zielpreis als 100 %.

## Mehrwertsteuer

Bei Produktionsgartenbaubetrieben, die mindestens 70% ihrer Verkaufsware selbst produzieren, gelten die gleichen Mehrwertsteuerregelungen wie bei landwirtschaftlichen Betrieben. Der Mehrwertsteuersatz beträgt dann für alle gärtnerischen Produkte 9 %. Es wird dabei dem Finanzamt gegenüber die Mehrwertsteuer nicht abgerechnet. Die eingenommenen 9 % Mehrwertsteuer verbleiben im Betrieb. Die Mehrwertsteuerschuld ist durch Mehrwertsteuerzahlungen beim Einkauf und bei Investitionen abgegolten.

Bei Betrieben mit einem Anteil der Eigenproduktion unter 70 %, bei Dienstleistungsbetrieben, z. B. Landschafts- und Friedhofsgärtnereien, sowie bei Handelsbetrieben gelten die Regeln für Gewerbebetriebe. Der Steuersatz beträgt in diesem Fall 19 %, soweit nicht der ermäßigte Steuersatz von 7 % (für Obst, Gemüse, Blumen, lebende Pflanzen, aus frischen Pflanzen hergestellte Gegenstände, z. B. Kränze und Gestecke) gilt. Von der bei Verkäufen und erbrachten Dienstleistungen eingenommenen Mehrwertsteuer wird die an Lieferanten und sonstige Geschäftspartner bezahlte Mehrwertsteuer (Vorsteuer) abgezogen. Der Differenzbetrag ist an das Finanzamt abzuführen.

## Aufgaben:

1. Für eine Warensendung beträgt der Bareinkaufspreis 1 457,00 €.

   Wie hoch ist der Brutto-Listeneinkaufspreis, wenn 7 % MwSt., 23 % Rabatt und 1,5 % Skonto zu berücksichtigen sind?

2. Wie hoch ist der Bareinkaufspreis?

| Brutto-Listen-einkaufspreis | MwSt. | Rabatt | Skonto |
|---|---|---|---|
| 350,00 € | 19 % | 20 % | 2 % |
| 180,00 € | 7 % | 15 % | 2,5 % |
| 650,00 € | 19 % | 22 % | 1,5 % |

3. Der Nettoverkaufspreis für eine Yucca elephantipes beträgt 135,50 €. Bei einer Kalkulation des Verkauspreises wurden 60 % allgemeine Geschäftskosten und 8 % Gewinn angesetzt. Vom Lieferanten erhielt der Gärtner 15 % Rabatt und 3 % Skonto, die Lieferung erfolgte frei Haus. Berechnen Sie den Listenpreis.

4. Ermitteln Sie den Brutto-Listenverkaufspreis.

| | a) | b) | c) |
|---|---|---|---|
| Bareinkaufspreis | 495,00 € | 1 152,00 € | 687,00 € |
| Bezugskosten | 12,55 € | 3 % | 8,35 € |
| Gemeinkosten | 20 % | 25 % | 30 % |
| Gewinn | 15 % | 12 % | 20 % |
| Skonto | 1 % | – | 2 % |
| Rabatt | 12 % | 10 % | – |
| Mehrwertsteuer | 19 % | 7 % | 9 % |

5. Der Brutto-Listenverkaufspreis einer Ware beträgt 93,50 €.

   Berechnen Sie den Bareinkaufspreis, wenn 3,50 € Bezugskosten, 15 % Gemeinkosten, 12 % Gewinn und 19 % MwSt. berücksichtigt wurden.

6. Für eine Schnittblumensendung werden netto 0,45 €/Stück bezahlt. Wegen Überangebotes wird zum Selbstkostenpreis plus MwSt. verkauft.

   Welcher Preis wird gefordert, wenn die Gemeinkosten 30 % und die Mehrwertsteuer 7 % betragen?

7. Der Bezugspreis für eine Keramiksendung beträgt 883,00 € und der Selbstkostenpreis 1 236,20 €.

   Wie viel Prozent Gemeinkosten wurden aufgeschlagen?

8. Der Barverkaufspreis einer Ware beträgt netto 176,80 €.
   Der Gewinn wurde mit 30 % kalkuliert.

   Wie hoch ist der Selbstkostenpreis?

## 19.3 Kalkulationsfaktor

Um Verkaufspreise relativ schnell und einfach zu ermitteln, wird mit dem Kalkulationsfaktor gerechnet. In diesem sind alle Kosten des Betriebes enthalten, aber auch die Umsatzsteuer und der Gewinn. Um den Kalkulationsfaktor ermitteln zu können, dividiert man den Listenverkaufspreis durch den Bezugspreis.

Werden bei verschiedenen Kalkulationen immer die gleichen Sätze an Gemeinkosten, Gewinn und Mehrwertsteuer usw. aufgeschlagen, können die Berechnungen auch nach Ermittlung des Kalkulationsfaktors vereinfacht werden.

**Beispiel:**

Ein Unternehmer kalkuliert bei einer Ware, deren Bezugspreis netto 80,00 € beträgt, 35 % Gemeinkosten, 25 % Gewinn und 19 % Mehrwertsteuer.

a) Zu welchem Preis wird die Ware verkauft?

| | |
|---|---:|
| Bezugspreis | 80,00 € |
| + 35 % Gemeinkosten | 28,00 € |
| Selbstkostenpreis | 108,00 € |
| + 25 % Gewinn | 27,00 € |
| Netto-Verkaufspreis | 135,00 € |
| + 19 % Mehrwertsteuer | 25,65 € |
| Brutto-Verkaufspreis | 160,65 € |

b) Der Kalkulationsfaktor wird ermittelt, indem wir den Verkaufspreis durch den Einkaufspreis dividieren. Der dabei ermittelte Quotient gibt an, in welchem Verhältnis der Einkaufspreis zum Verkaufspreis steht. Dabei können die verschiedenen Stufen miteinander verglichen werden, z. B. Brutto-Listenverkaufspreis : Bezugspreis oder auch Brutto-Listenverkaufspreis : Brutto-Listeneinkaufspreis.

$$\text{Kalkulationsfaktor} = \frac{\text{Verkaufspreis}}{\text{Einkaufspreis}} = \frac{160{,}65\ €}{80{,}00\ €} = \underline{\underline{2{,}0081}}$$

c) Der Bezugspreis einer Ware beträgt 189,50 €. Wie hoch ist der Verkaufspreis, wenn mit den gleichen Sätzen kalkuliert wird?

$$\begin{aligned}\text{Verkaufspreis} &= \text{Einkaufspreis} \cdot \text{Kalkulationsfaktor}\\ &= 189{,}50\ € \cdot 2{,}0081 = \underline{\underline{380{,}53\ €}}\end{aligned}$$

Der Kalkulationsfaktor kann auch in Prozent angegeben werden. Im vorliegenden Beispiel beträgt er 200,81 %.

## Aufgaben:

1. Berechnen Sie den Kalkulationsfaktor.

| | Einkaufspreis | Verkaufspreis |
|---|---|---|
| a) | 100,00 € | 210,00 € |
| b) | 1,80 € | 3,60 € |
| c) | 20,00 € | 35,00 € |
| d) | 40,00 € | 90,00 € |
| e) | 300,00 € | 540,00 € |

2. Ermitteln Sie den Kalkulationsfaktor.

| | a) | b) |
|---|---|---|
| Brutto-Listeneinkaufspreis | 3,80 € | 124,00 € |
| Mehrwertsteuer | 7 % | 19 % |
| Rabatt beim Einkauf | 15 % | 20 % |
| Skonto beim Einkauf | 2 % | 1 % |
| Bezugskosten | 0,12 € | 18,50 € |
| Gemeinkosten | 45 % | 35 % |
| Gewinn | 20 % | 25 % |
| Skonto beim Verkauf | – | 2 % |
| Rabatt beim Verkauf | – | 10 % |

3. **a)** Der Bezugspreis einer Ware beträgt je Stück 0,75 €. Es werden 45 % Gemeinkosten, 18 % Gewinn und 7 % Mehrwertsteuer berechnet.

   Berechnen Sie den Kalkulationsfaktor.

   **b)** Eine andere Ware wird mit einem Bezugspreis von 1,45 € erworben. Es wird in gleicher Weise kalkuliert.

   Berechnen Sie den Verkaufspreis mithilfe des Kalkulationsfaktors.

4. Bei einer Ware beträgt der Bezugspreis je Stück 14,75 €. Für Gemeinkosten werden 35 %, für Gewinn 20 % und für Mehrwertsteuer 19 % kalkuliert.

   **a)** Wie hoch ist der Kalkulationsfaktor?

   **b)** Eine andere Ware hat einen Bezugspreis von 16,25 € je Stück. Da in gleicher Weise kalkuliert wird, ist mit dem Kalkulationsfaktor der Verkaufspreis zu berechnen.

5. Eine Ware wird zu einem Preis von 83,50 € verkauft.

   Wie hoch war der Einkaufpreis, wenn mit einem Kalkulationsfaktor von 1,697 gerechnet wurde?

## 19.4 Ermittlung des Gewinns

Der Gewinn berechnet sich aus der Differenz zwischen Erlösen und Kosten.
Erst das Streben nach Gewinn motiviert den Unternehmer zum wirtschaftlichen Handeln.

Wenn eine Ware eingekauft wird, kann es sein, dass wegen der Konkurrenz ein Verkaufspreis schon feststeht. Es ist dann zu berechnen, welcher Gewinn unter den gegebenen Preisen erzielt wird.

**Beispiel:**

Einkauf: Brutto-Listeneinkaufspreis 3,80 €/Stück, 19 % Mehrwertsteuer, 20 % Rabatt, 2 % Skonto, Bezugskosten 0,55 €/Stück.
Verkauf: Gemeinkosten 28 %, Skonto 2 %, Mehrwertsteuer 19 %, Brutto-Listenverkaufspreis 5,20 €

Wie hoch ist der erzielte Gewinn in Euro und in Prozent?

| | | |
|---|---|---|
| Brutto-Listeneinkaufspreis | 3,80 € | ≙ 119 % |
| – 19 % Mehrwertsteuer | 0,61 € | |
| Netto-Listeneinkaufspreis | 3,19 € | ≙ 100 % |
| – 20 % Rabatt | 0,64 € | |
| Zieleinkaufspreis | 2,55 € | ≙ 100 % |
| – 2 % Skonto | 0,05 € | |
| Bareinkaufspreis | 2,50 € | |
| + Bezugskosten | 0,55 € | |
| Bezugspreis | 3,05 € | ≙ 100 % |
| + 28 % Gemeinkosten | 0,85 € | |
| Selbstkostenpreis | 3,90 € | |
| Brutto-Listenverkaufspreis | 5,20 € | ≙ 119 % |
| – 19 % Mehrwertsteuer | 0,83 € | |
| Netto-Listenverkaufspreis | 4,37 € | ≙ 100 % |
| – 2 % Skonto | 0,09 € | |
| Barverkaufspreis | 4,28 € | |

Gewinn in €: 4,28 € – 3,90 € = 0,38 €

Gewinn in %: 3,90 € ≙ 100 %

0,039 € ≙ 1 %

0,38 € ≙ 0,38 € : 0,039 € = 9,74 %

## Aufgaben:

1. Berechnen Sie den Gewinn in Euro und in Prozent.

| | a) | b) | c) |
|---|---|---|---|
| Brutto-Listeneinkaufpreis | 4,70 € | 62,90 € | 2,35 € |
| Mehrwertsteuer | 7 % | 19 % | 7 % |
| Rabatt beim Einkauf | 15 % | 24 % | 18 % |
| Skonto beim Einkauf | 2 % | 1,5 % | – |
| Bezugskosten | 0,45 € | 4,15 € | 0,25 € |
| Gemeinkosten | 30 % | 28 % | 40 % |
| Skonto beim Verkauf | 2 % | – | – |
| Rabatt beim Verkauf | – | 8 % | – |
| Brutto-Listenverkaufspreis | 6,85 € | 75,00 € | 3,20 € |

2. Welcher Gewinn in Euro und in Prozent wird beim Verkauf einer Steckschale erzielt?

| | |
|---|---|
| 10 Fresien | je 0,55 € |
| 15 Anemonen | je 0,45 € |
| pflanzliches Beiwerk | 0,75 € |
| Steckmasse | 0,60 € |
| Steckschale | 4,20 € |

Arbeitszeit 15 Minuten, Arbeitskosten je Stunde 18,00 €; Gemeinkosten 35 %; Mehrwertsteuer 7 %; Brutto-Listenverkaufspreis 48,00 €

3. Die Materialkosten für eine Grabschale betragen 6,50 €. Für das Bepflanzen und die Kundenberatung werden 1,90 € Lohnkosten berechnet.

Wie hoch ist der Gewinn in Euro und in Prozent, wenn 30 % Gemeinkosten und 7 % Mehrwertsteuer berechnet werden, bei einem Brutto-Verkaufspreis von 16,50 €?

4. Max muss im Rahmen seiner praktischen Zierpflanzenprüfung folgenden Blumenstrauß kalkulieren:

| | |
|---|---|
| 1 Forsythienzweig | 2,40 € |
| 6 Trompetennarzissen | je 0,40 € |
| 6 Tulpen | je 0,38 € |
| 4 Iris | je 0,45 € |

Die Arbeitszeit beträgt 8 Minuten bei Arbeitskosten von 17,80 € je Stunde. Es sind 40 % Gemeinkosten und 7 % Mehrwertsteuer zu berücksichtigen. Der Strauß wird für 22,00 € verkauft.

Welcher Gewinn in Euro und in Prozent wurde erzielt?

5. Der Bezugspreis für eine Orchideenrispe beträgt 10,00 €. Der Unternehmer rechnet mit 55 % Gemeinkosten und 7 % Mehrwertsteuer.

Wie hoch ist der Gewinn in Euro und in Prozent, wenn eine Orchideenrispe für 20,75 € verkauft wird?

## 19.5 Vollständige Preiskalkulation

Eine exakte Preiskalkulation ist eine Voraussetzung für unternehmerischen Erfolg. Dadurch ist ausgeschlossen, dass die eigenen Kosten höher als die Einnahmen sind und perspektivisch ein negativer Betriebsabschluss erzielt wird.

Notwendige Schritte der Preiskalkulation:

1. Ermittlung der Anzahl an Arbeitsstunden aller Beschäftigten/Jahr
2. Kostenberechnung
   - Personalkosten
   - Sachkosten: z. B. Miete, Versicherung, Energie
   - Kapitalkosten: z. B. Abschreibung und Zinsen
3. Berechnung des Stundensatzes

$$\text{Kostensatz/Arbeitsstunde} = \frac{\text{Kosten}}{\text{berechn. Arbeitszeit}}$$

Bruttostundensatz = Kostensatz/Arbeitsstunde + Gewinn + Mehrwertsteuer

4. Berechnung Auftragskosten

Auftragskosten = Bruttostundensatz · notwendige Arbeitsstunden

**Beispiel:**

In einem Gewächshaus werden Tulpen von Anfang November bis Ende Dezember herangezogen. Für 1 000 Stück fallen folgende Kosten an:

Blumenzwiebeln 150,00 €, Kistenabnutzung 2,50 €, Erden und Dünger 7,50 €, Pflanzenschutzmittel 2,00 €, Heizöl 120 l je 0,48 €, 9 Arbeitsstunden zu je 15,00 €. Für die Benutzung des Gewächshauses wird ein Festkostenanteil von 1,25 € je $Mm^2$ berechnet. Der Flächenbedarf beträgt 8,35 $Mm^2$.

Zur Kalkulation des Verkaufspreises werden 20 % Gemeinkosten, 15 % Gewinn und 7 % Mehrwertsteuer berücksichtigt. Rabatt und Skonto werden nicht gewährt.

Berechnen Sie den Verkaufspreis für eine Tulpe.

| | | |
|---|---|---|
| Direkt- oder veränderliche Kosten: | Blumenzwiebeln | 150,00 € |
| | Kistenabnutzung | 2,50 € |
| | Erden, Dünger | 7,50 € |
| | Pflanzenschutzmittel | 2,00 € |
| | Heizöl 120 l je 0,48 € | 57,60 € |
| | Arbeitskosten 15,00 €/h | 135,00 € |
| | Summe Direktkosten | 354,60 € |

| Festkostenanteil: | 1,25 € je Mm² | 10,44 € |
|---|---|---|
| | Erzeugungskosten | 365,04 € (zu vergleichen mit dem Bezugspreis) |
| | Gemeinkosten 20 % | 73,01 € |
| | Selbstkostenpreis | 438,05 € |
| | Gewinn 15 % | 65,70 € |
| | Nettoverkaufspreis | 503,75 € |
| | Mehrwertsteuer 7 % | 35,26 € |
| | Bruttoverkaufspreis | 539,01 € |

Tatsächlicher Verkaufspreis mindestens 0,54 € je Stück

## Aufgaben:

1. Die folgenden Angaben beziehen sich auf 1 000 Pelargonien.
   Kulturbeginn Anfang November, Kulturende Ende April
   Flächenanspruch: 220 Mm²
   Arbeitszeit 35 Akh

   Direktkosten: Stecklinge 175,00 €; Töpfe 95,00 €
   Substrate und Dünger 70,00 €
   Pflanzenbehandlungsmittel 10,00 €
   Heizöl 1 200 l je 0,48 €; Arbeitskosten 14,50 €/h
   Festkostenanteil: 1,25 €/Mm²

   Gemeinkosten 15 %, Gewinn 12 %, Mehrwertsteuer 9 %

   Berechnen Sie den Verkaufspreis für eine Pflanze.

2. Narzissen werden in Kisten herangezogen. Je Zwiebel wird im Durchschnitt mit 2,5 Blüten gerechnet. Die folgenden Angaben beziehen sich auf 1 000 Zwiebeln.

   Kulturbeginn Anfang Oktober, Kulturende Anfang Februar
   Flächenanspruch 26 Mm²
   Direktkosten: Blumenzwiebeln 370,00 €; Kisten 10,00 €
   Erden, Dünger 15,00 €, Heizöl 400 l zu 0,48 €/l
   Arbeitskosten: 20,5 Akh, je h zu 15,00 €
   Festkostenanteil: 1,25 €/Mm²

   Gemeinkosten: 25 %; Gewinn 12 %; Mehrwertsteuer 7 %

   Berechnen Sie den kostendeckenden Verkaufspreis für eine Narzissenblüte

3. Berechnen Sie den voraussichtlichen Verkaufspreis für eine Knollenbegonie. Alle Angaben beziehen sich auf 1 000 Stück.

   Direktkosten: Knollen 220,00 €, Töpfe 50,00 €, Erden 45,00 €
   Heizöl 200 l je 0,48 €
   Arbeitskosten: 16 Akh je 14,50 €
   Festkostenanteil: für 65 $Mm^2$ je 1,25 €

   Gemeinkosten 38 %; Gewinn 15 %; Mehrwertsteuer 7 %

4. 1 000 Tulpen werden in Kisten herangezogen; Kulturbeginn 25.9., Kulturende 14.2. (Valentinstag).

   Direktkosten: Blumenzwiebeln 140,00 €, Kisten 4,50 €
   Erden, Dünger 7,50 €, Heizöl 120 l je 0,48 €;
   Arbeitskosten: 13 Stunden je 15,50 €
   Festkostenanteil: für 10,5 $Mm^2$ je 1,25 €

   Gemeinkosten 30 %, Gewinn 20 %, Mehrwertsteuer 7 %

   Berechnen Sie den Mindestverkaufspreis für eine Tulpe.

# 20 Lohnkosten

Für das Ausüben einer festen Tätigkeit wird Arbeitnehmern regelmäßig ein Entgelt ausgezahlt, das vertraglich geregelt ist. Dieses Entgelt wird als Lohn bezeichnet. Gleiche Bruttolöhne können bei verschiedenen Arbeitnehmern aufgrund z. B. unterschiedlicher Familienverhältnisse zu unterschiedlichen Nettolöhnen führen.

Wir unterscheiden zwischen

dem **Bruttolohn**, dem **Nettolohn**,

den **Lohnkosten im Produktionsbetrieb**

und dem **Verrechnungsstundenlohn**.

I. Der **Bruttolohn** ist in der Regel das tariflich vereinbarte Arbeitsentgelt einschließlich der Zulagen.

II. Der **Nettolohn** ist der Lohn, der tatsächlich ausbezahlt wird. Er ist um die Abzüge (Sozialversicherungsbeiträge, Lohn- und Kirchensteuer) niedriger als der Bruttolohn.

Für **Sozialversicherungen** werden derzeit (Stand: Januar 2016) folgende Beiträge eingehoben:

| | | |
|---|---|---|
| Krankenversicherung | ≈ 14,6 % + evtl. Zusatzbeiträge der Krankenkasse | des Bruttolohnes |
| Rentenversicherung | 18,7 % | |
| Arbeitslosenversicherung | 3,0 % | |
| Pflegeversicherung | 2,35 % | |

Die eine Hälfte wird dem Arbeitnehmer vom Bruttolohn abgezogen, die andere Hälfte muss der Arbeitgeber aufbringen.
Kinderlosen Arbeitnehmern wird bei der Pflegeversicherung seit 2008 ein Zuschlag von 0,25 % berechnet. Diesen Zuschlag hat der Arbeitnehmer alleine zu zahlen.

Es gelten folgende monatliche Beitragsbemessungsgrenzen:

| | alte Bundesländer | neue Bundesländer |
|---|---|---|
| Renten- und Arbeitslosenversicherung | 6 200,00 € | 5 400,00 € |
| Kranken- und Pflegeversicherung (Stand: Januar 2016) | 4 237,50 € | 4 237,50 € |

Die Höhe monatlicher Lohnsteuer wird aus Tabellen abgelesen.

Seit 1.1.1998 werden noch 5,5 % der Lohnsteuer als Solidaritätszuschlag abgezogen.

## Allgemeine Monats-Lohnsteuertabelle 2016 – von 1 713,00 € bis 1 727,99 €, Kirchensteuer 9 %

| Kinderfreibetrag | | | 0 | | 0,5 | | 1 | | 1,5 | | 2 | | 2,5 | | 3,0 | | 3,5 | | 4 | |
|---|---|---|---|---|---|---|---|---|---|---|---|---|---|---|---|---|---|---|---|---|
| ab € | StK | Steuer | SolZ | KiStr | SolZ | KiStr | SolZ | KiStr | SolZ | KiStr | SolZ | KiStr | SolZ | KiStr | SolZ | KiStr | SolZ | KiStr | SolZ | KiStr |
| 1 713,00 € | | | | | | | | | | | | | | | | | | | | |
| | 1 | 135,50 | 7,45 | 12,19 | – | 5,61 | – | 0,55 | – | – | – | – | – | – | – | – | – | – | – | – |
| | 2 | 96,16 | – | – | – | 2,70 | – | – | – | – | – | – | – | – | – | – | – | – | – | – |
| | 3 | | | | | | | | | | | | | | | | | | | |
| | 4 | 135,50 | 7,45 | 12,19 | 3,41 | 8,82 | – | 5,61 | – | 2,84 | – | 0,55 | – | – | – | – | – | – | – | – |
| | 5 | 339,33 | 18,66 | 30,53 | – | – | – | – | – | – | – | – | – | – | – | – | – | – | – | – |
| | 6 | 372,83 | 20,50 | 33,55 | – | – | – | – | – | – | – | – | – | – | – | – | – | – | – | – |
| 1 716,00 € | | | | | | | | | | | | | | | | | | | | |
| | 1 | 136,16 | 7,48 | 12,25 | – | 5,66 | – | 0,58 | – | – | – | – | – | – | – | – | – | – | – | – |
| | 2 | 96,75 | – | – | – | 2,74 | – | – | – | – | – | – | – | – | – | – | – | – | – | – |
| | 3 | | | | | | | | | | | | | | | | | | | |
| | 4 | 136,16 | 7,48 | 12,25 | 3,55 | 8,88 | – | 5,66 | – | 2,88 | – | 0,58 | – | – | – | – | – | – | – | – |
| | 5 | 340,41 | 18,72 | 30,63 | – | – | – | – | – | – | – | – | – | – | – | – | – | – | – | – |
| | 6 | 373,66 | 20,55 | 33,62 | – | – | – | – | – | – | – | – | – | – | – | – | – | – | – | – |
| 1 719,00 € | | | | | | | | | | | | | | | | | | | | |
| | 1 | 136,83 | 7,52 | 12,31 | – | 5,71 | – | 0,62 | – | – | – | – | – | – | – | – | – | – | – | – |
| | 2 | 97,41 | – | – | – | 2,79 | – | – | – | – | – | – | – | – | – | – | – | – | – | – |
| | 3 | | | | | | | | | | | | | | | | | | | |
| | 4 | 136,83 | 7,52 | 12,31 | 3,66 | 8,93 | – | 5,71 | – | 2,92 | – | 0,62 | – | – | – | – | – | – | – | – |
| | 5 | 341,50 | 18,78 | 30,73 | – | – | – | – | – | – | – | – | – | – | – | – | – | – | – | – |
| | 6 | 374,66 | 20,60 | 33,71 | – | – | – | – | – | – | – | – | – | – | – | – | – | – | – | – |
| 1 722,00 € | | | | | | | | | | | | | | | | | | | | |
| | 1 | 137,50 | 7,56 | 12,37 | – | 5,76 | – | 0,65 | – | – | – | – | – | – | – | – | – | – | – | – |
| | 2 | 98,00 | – | – | – | 2,83 | – | – | – | – | – | – | – | – | – | – | – | – | – | – |
| | 3 | | | | | | | | | | | | | | | | | | | |
| | 4 | 137,50 | 7,56 | 12,37 | 3,80 | 9,00 | – | 5,76 | – | 2,97 | – | 0,65 | – | – | – | – | – | – | – | – |
| | 5 | 342,58 | 18,84 | 30,83 | – | – | – | – | – | – | – | – | – | – | – | – | – | – | – | – |
| | 6 | 375,66 | 20,66 | 33,80 | – | – | – | – | – | – | – | – | – | – | – | – | – | – | – | – |
| 1 725,00 € | | | | | | | | | | | | | | | | | | | | |
| | 1 | 138,08 | 7,59 | 12,42 | – | 5,81 | – | 0,68 | – | – | – | – | – | – | – | – | – | – | – | – |
| | 2 | 98,58 | – | – | – | 2,87 | – | – | – | – | – | – | – | – | – | – | – | – | – | – |
| | 3 | | | | | | | | | | | | | | | | | | | |
| | 4 | 138,08 | 7,59 | 12,42 | 3,91 | 9,05 | – | 5,81 | – | 3,00 | – | 0,68 | – | – | – | – | – | – | – | – |
| | 5 | 343,58 | 18,89 | 30,92 | – | – | – | – | – | – | – | – | – | – | – | – | – | – | – | – |
| | 6 | 376,33 | 20,69 | 33,86 | – | – | – | – | – | – | – | – | – | – | – | – | – | – | – | – |

von 1 728,00 € bis 1 742,99 €, Kirchensteuer 9 %

| Kinderfreibetrag | | | 0 | | 0,5 | | 1 | | 1,5 | | 2 | | 2,5 | | 3,0 | | 3,5 | | 4 | |
|---|---|---|---|---|---|---|---|---|---|---|---|---|---|---|---|---|---|---|---|---|
| ab € | StK | Steuer | SolZ | KiStr | SolZ | KiStr | SolZ | KiStr | SolZ | KiStr | SolZ | KiStr | SolZ | KiStr | SolZ | KiStr | SolZ | KiStr | SolZ | KiStr |
| 1 728,00 € | | | | | | | | | | | | | | | | | | | | |
| | 1 | 138,75 | 7,63 | 12,48 | – | 5,87 | – | 0,72 | – | – | – | – | – | – | – | – | – | – | – | – |
| | 2 | 99,25 | – | – | – | 2,91 | – | – | – | – | – | – | – | – | – | – | – | – | – | – |
| | 3 | | | | | | | | | | | | | | | | | | | |
| | 4 | 138,75 | 7,63 | 12,48 | 4,03 | 9,10 | – | 5,87 | – | 3,05 | – | 0,72 | – | – | – | – | – | – | – | – |
| | 5 | 344,66 | 18,95 | 31,01 | – | – | – | – | – | – | – | – | – | – | – | – | – | – | – | – |
| | 6 | 377,33 | 20,75 | 33,95 | – | – | – | – | – | – | – | – | – | – | – | – | – | – | – | – |
| 1 731,00 € | | | | | | | | | | | | | | | | | | | | |
| | 1 | 139,41 | 7,66 | 12,54 | – | 5,92 | – | 0,76 | – | – | – | – | – | – | – | – | – | – | – | – |
| | 2 | 99,83 | – | – | – | 2,96 | – | – | – | – | – | – | – | – | – | – | – | – | – | – |
| | 3 | | | | | | | | | | | | | | | | | | | |
| | 4 | 139,41 | 7,66 | 12,54 | 4,16 | 9,16 | – | 5,92 | – | 3,09 | – | 0,76 | – | – | – | – | – | – | – | – |
| | 5 | 345,75 | 19,01 | 31,11 | – | – | – | – | – | – | – | – | – | – | – | – | – | – | – | – |
| | 6 | 378,16 | 20,79 | 34,03 | – | – | – | – | – | – | – | – | – | – | – | – | – | – | – | – |
| 1 734,00 € | | | | | | | | | | | | | | | | | | | | |
| | 1 | 140,00 | 7,70 | 12,60 | – | 5,97 | – | 0,79 | – | – | – | – | – | – | – | – | – | – | – | – |
| | 2 | 100,50 | – | – | – | 3,00 | – | – | – | – | – | – | – | – | – | – | – | – | – | – |
| | 3 | | | | | | | | | | | | | | | | | | | |
| | 4 | 140,00 | 7,70 | 12,60 | 4,28 | 9,21 | – | 5,97 | – | 3,14 | – | 0,79 | – | – | – | – | – | – | – | – |
| | 5 | 346,83 | 19,07 | 31,21 | – | – | – | – | – | – | – | – | – | – | – | – | – | – | – | – |
| | 6 | 379,16 | 20,85 | 34,12 | – | – | – | – | – | – | – | – | – | – | – | – | – | – | – | – |
| 1 737,00 € | | | | | | | | | | | | | | | | | | | | |
| | 1 | 140,66 | 7,73 | 12,65 | – | 6,02 | – | 0,83 | – | – | – | – | – | – | – | – | – | – | – | – |
| | 2 | 101,08 | – | – | – | 3,04 | – | – | – | – | – | – | – | – | – | – | – | – | – | – |
| | 3 | | | | | | | | | | | | | | | | | | | |
| | 4 | 140,66 | 7,73 | 12,65 | 4,41 | 9,27 | – | 6,02 | – | 3,18 | – | 0,83 | – | – | – | – | – | – | – | – |
| | 5 | 347,91 | 19,13 | 31,31 | – | – | – | – | – | – | – | – | – | – | – | – | – | – | – | – |
| | 6 | 379,83 | 20,89 | 34,18 | – | – | – | – | – | – | – | – | – | – | – | – | – | – | – | – |
| 1 740,00 € | | | | | | | | | | | | | | | | | | | | |
| | 1 | 141,33 | 7,77 | 12,71 | – | 6,07 | – | 0,86 | – | – | – | – | – | – | – | – | – | – | – | – |
| | 2 | 101,75 | – | – | – | 3,08 | – | – | – | – | – | – | – | – | – | – | – | – | – | – |
| | 3 | | | | | | | | | | | | | | | | | | | |
| | 4 | 141,33 | 7,77 | 12,71 | 4,53 | 9,32 | – | 6,07 | – | 3,22 | – | 0,86 | – | – | – | – | – | – | – | – |
| | 5 | 349,00 | 19,19 | 31,41 | – | – | – | – | – | – | – | – | – | – | – | – | – | – | – | – |
| | 6 | 380,83 | 20,94 | 34,27 | – | – | – | – | – | – | – | – | – | – | – | – | – | – | – | – |

Steuerklasse I: Unverheiratete (ledige, geschiedene, verwitwete) Arbeitnehmer, denen kein Kind zuzuordnen ist, ebenso wie Verheiratete, die dauernd getrennt leben

Steuerklasse II: Unverheiratete Arbeitnehmer mit Kindern, die Kindergeld oder einen Kinderfreibetrag erhalten

Steuerklasse III: Verheiratete Arbeitnehmer. Ehegatte hat kein Arbeitseinkommen oder hat Steuerklasse V.

Steuerklasse IV: Beide Ehepartner beziehen Arbeitslohn. Keiner der Ehegatten hat Steuerklasse V gewählt. Seit 2010 gilt das Faktorverfahren: Ehepartner, für die sich die Steuerklassenkombination III/V eignet, können auch die Steuerklassenkombination IV/IV mit Faktor wählen (Verteilung der Wirkung des Splittingverfahrens auf beide Ehepartner).

Steuerklasse V: Beide Ehepartner beziehen Arbeitslohn. Der andere Ehepartner hat Steuerklasse III gewählt.

Steuerklasse VI: Arbeitnehmer, die nebeneinander von mehreren Arbeitgebern Arbeitslohn beziehen, hinsichtlich des Arbeitslohnes aus dem zweiten und weiteren Dienstverhältnissen

Grundlage für die Berechnung der Kirchensteuer ist die Lohnsteuer. In Baden-Württemberg und Bayern beträgt die Kirchensteuer 8 % der Lohnsteuer, in allen übrigen Bundesländern 9 %.

III. Zu den **Lohnkosten im Produktionsbetrieb** gehören noch die Lohnnebenkosten, die der Arbeitgeber zu tragen hat. Sie werden nach folgendem Schema berechnet:

| | % | € |
|---|---|---|
| 1. Grundlohn – tariflicher Bruttolohn ab 3. Ausbildungsjahr | 100,00 | 10,61 |
| 2. Lohnnebenkosten | | |
| a) Zuschläge für gesetzlich-soziale Aufwendungen | | |
| Arbeitgeberanteil Krankenversicherung | 7,0 | |
| Arbeitgeberanteil Rentenversicherung | 9,35 | |
| Arbeitgeberanteil Arbeitslosenversicherung | 1,5 | |
| Arbeitgeberanteil Pflegeversicherung | 0,975 | |
| Kostenanteil Berufsgenossenschaft | 1,175 | |
| | (Sachsen: 0,675 %) (je nach Zuordnung des Gefahrentarifs) | |
| Lohnfortzahlung im Krankheitsfall (durchschnittlich 10 Tage bei 218 Arbeitstagen im Jahr) | 4,590 | |
| | 25,42 | 2,70 |

| | % | € |
|---|---|---|
| b) Zuschläge für tariflich-soziale Aufwendungen, z. B. | | |
| Urlaubsvergütung, Urlaubsgeld | 11,56 | |
| Vermögenswirksame Leistungen | 1,00 | |
| Feiertagsvergütung (12 Tage) | 5,50 | |
| Lohnfortzahlung für 2 Ausfalltage (entschuldigte, aber nicht durch Krankheit bedingte Abwesenheit) | 0,92 | |
| | 18,98 | 2,01 |
| c) Zuschläge für freiwillig-soziale Leistungen, z. B. Gratifikationen, Prämien, Verpflegungsgeldzuschuss | 3,00 | 0,32 |
| Lohnnebenkosten insgesamt | 47,70 | 5,03 |

Die Lohnkosten im Produktionsbetrieb (Bruttolohn + Lohnnebenkosten) betragen demnach 147,40 % des Tariflohnes = 15,64 E.

IV. **Verrechnungsstundenlohn**

Werden Lohnkosten für Dienstleistungen, z. B. Grabpflege, verrechnet, so müssen noch Zuschläge für Gemeinkosten (Planung, Aufsicht, Verwaltung, Werkzeuge, Gebäude, Steuern) sowie für Wagnis und Gewinn berücksichtigt werden.

Wenn für Gemeinkosten 45% sowie für Wagnis und Gewinn 20% angesetzt werden, sieht die Rechnung folgendermaßen aus:

| | % | € |
|---|---|---|
| Lohn und Lohnnebenkosten | 147,40 | 15,64 |
| + Gemeinkosten | 45,00 | 4,78 |
| + Wagnis und Gewinn | 25,00 | 2,65 |
| Verrechnungsstundenlohn | 217,40 | 23,07 |

Für die Mehrwertsteuer werden noch 19% des Verrechnungsstundenlohns berechnet.

**Beachten Sie:** Bei dieser Berechnung ist es üblich, bei allen Stufen bis zum Verrechnungsstundenlohn den Grundlohn als 100 % anzusetzen. Bei den Lohnkosten im Produktionsbetrieb werden die Zuschläge für Gemeinkosten sowie Wagnis und Gewinn nicht auf die Lohnkosten, sondern auf den Verkaufspreis der Ware aufgeschlagen.

Um die Berechnung zu vereinfachen, können wir auch mit einem Lohnkostenfaktor arbeiten. Betragen die Lohnkosten im Produktionsbetrieb 147,895 %, dann heißt der Lohnkostenfaktor 1,47895. Der Lohnkostenfaktor beim Verrechnungsstundenlohn von 217,85 % beträgt 2,1785.

| Lohnkosten im Produktionsbetrieb bzw. Verrechnungsstundenlohn | = Grundlohn · Lohnkostenfaktor |
|---|---|

Ermittlung der tatsächlichen Arbeitstage/Jahr

| | |
|---|---:|
| Kalendertage | 365 |
| – Samstage und Sonntage | 102 |
| – Urlaubstage | 20 |
| – Feiertage | 12 |
| = Arbeitstage | 231 |

Tatsächliche Arbeitstage/Monat: 231 : 12 = 19,25

## Aufgaben:

1. Ein Gärtner bekommt einen Stundenlohn von 11,67 €. Er arbeitet im Durchschnitt wöchentlich 39 Stunden.

   Wie hoch ist der Brutto-Monatslohn, wenn im Jahresdurchschnitt auf einen Monat 4 ⅓ Wochen treffen?

2. Der Stundenlohn eines Meisters beträgt 21,18 €. Für Sonntagsarbeit erhält er 80 % Zuschlag. In einem Monat entfielen von den 173 geleisteten Arbeitsstunden 14 Stunden auf Sonntagsarbeit.

   Wie viel Euro betrug in diesem Monat der Bruttolohn?

3. Ein Friedhofsgärtner, ledig und ohne Kinder, verdient monatlich brutto 1 713,00 €.

   Welcher Nettolohn verbleibt nach Berücksichtigung von Lohnsteuer, Kirchensteuer und Sozialversicherungsbeiträgen?

4. Wie hoch ist der monatliche Bruttolohn eines Mitarbeiters, wenn folgende Voraussetzungen gegeben sind:
   Stundenlohn: 14,80 €; tägliche Arbeitszeit: 8 Stunden; bezahlte Arbeitstage im Monat: 21.

   Berechnen Sie den Nettolohn bei Steuerklasse III mit zwei Kindern.

5. Ein Gartenbaubetrieb soll bei einem Kunden Ausschachtarbeiten übernehmen. Für den Erdaushub benötigt der Auszubildende 7 Arbeitsstunden (Bruttolohn monatlich: 583,00 €), der Facharbeiter im 1. Jahr als Facharbeiter 5 Arbeitsstunden (Bruttolohn monatlich: 2 110,00 €) und der Obergärtner 3,5 Arbeitsstunden (Bruttolohn monatlich: 2 613,00 €)

   Berechnen Sie jeweils die Arbeitskosten/Stunde der drei Beschäftigten. Gehen Sie dabei von rund 19 Arbeitstagen/Monat und 8 Arbeitsstunden/Tag aus.

   Vergleichen Sie die jeweiligen Projektkosten der einzelnen Mitarbeiter.

6. Herr Schulze, ledig, ohne Kind, und Herr Schmieder, verheiratet, seine Frau arbeitet nicht, zwei Kinder, beziehen beide einen Bruttoarbeitslohn von 1 739,25 €. Beide Arbeitnehmer unterliegen der Kirchensteuerpflicht (8 %).

   Berechnen Sie die Nettolöhne beider Beschäftigten.

7. Sabine Krause, ledig, keine Kinder, kirchensteuerpflichtig 8 %, bezog bis zum 31.12.2015 einen Bruttolohn von 1 715,00 €. Ab 01.01.2016 erhält sie einen um 1,5 % höheren Bruttolohn.

   a) Berechnen Sie, wie viel Euro netto ihr monatlich mehr zur Verfügung stehen.
   b) Berechnen Sie, um wie viel Prozent sich das Netto-Einkommen erhöht hat.

8. Im Bundeslohntarifvertrag des Garten-, Landschafts- und Sportplatzbaus, Stand 1. Januar 2015, gelten auszugsweise folgende Tariflöhne je Stunde:

   Lohngruppe 1: Baustellenleiter, Ausbildungsleiter, Meister: 18,34 €
   Lohngruppe 4: Landschaftsgärtner mit bestandener Abschlussprüfung: 14,09 €.
   Lohngruppe 6: Beschäftigte mit anderem Berufsabschluss als Gärtner: 10,10 €

   Ein Gartenbaubetrieb muss kurzfristig einen Auftrag auf einer Baustelle ausführen. Berechnen Sie die Lohnkosten, die entstehen, wenn

   a) ein Meister und zwei nicht als GALA-Bauer ausgebildete Beschäftigte 4 Stunden auf dieser Baustelle tätig sind oder

   b) fünf ausgebildete Galabau-Gärtner für 3 Stunden auf dieser Baustelle beschäftigt sind.

9. Ein Produktionsbetrieb rechnet mit Lohnkosten von 20,00 € je Stunde.

   Wie hoch ist der Bruttolohn, wenn der in Aufgabe 8 ermittelte Lohnkostenfaktor eingesetzt wird?

10. In einem Dienstleistungsbetrieb werden je Stunde 28,00 € verrechnet.

    Von welchem Bruttolohn wird ausgegangen (Lohnkostenfaktor siehe Aufgabe 8)?

# 21 Währung und Devisen

Als Währungen werden die jeweiligen gültigen Zahlungsmittel eines Landes bezeichnet. Devisen sind Forderungen auf ausländische Zahlungsmittel, die in Form von Guthaben bei ausländischen Banken oder in Form von Wertpapieren geltend gemacht werden können.

Der Euro ist die Währung der Europäischen Union und dient als gemeinsame offizielle Währung in derzeit 22 europäischen Staaten. Außerhalb der Eurozone ist es in 25 europäischen Ländern möglich, mit Euro zu bezahlen. Das Wechselgeld erhält man dann zumeist in der Landeswährung zu einem bestimmten Kurs. Neben dem US-Dollar ist der Euro eine der wichtigsten Währungen der Welt.

### Wichtige Währungen

Bei den Notierungen der Euro- und Wechselkurse durch die Europäische Zentralbank wird der Preis eines Euros in der jeweiligen Währung angegeben. Geschäftsbanken verdienen am Austausch der Währung und bieten ihren Kunden deshalb für jede Währung zwei Wechselkurse an; den Ankaufskurs (die Bank kauft Euro) und den Verkaufskurs (die Bank verkauft Euro).

| Aktuelle Wechselkurse (Stand 12.01.2016) | |
|---|---|
| Australischer Dollar: | 1,5539 AUD = 1 € |
| Dänische Krone: | 7,46135 DKK = 1 € |
| Britische Pfund: | 0,75152 GBP = 1 € |
| Norw. Krone: | 9,6513 NOK = 1 € |
| Poln. Zloty: | 4,35924 PLN = 1 € |
| Schwed. Krone: | 9,26699 SEK = 1 € |
| Schweizer Franken: | 1,08740 CHF = 1 € |
| Tschechische Krone: | 27,0249 CZK = 1 € |
| Ungar. Forint: | 316,6300 HUF = 1 € |
| US-Dollar: | 1,0854 USD = 1 € |
| Kanad. Dollar: | 1,5494 CAD = 1 € |

### Umrechnung von Devisen in Euro bzw. von Euro in eine andere Währung

3 250,00 USD sind in Euro umzurechnen (Ankaufskurs).
1 Euro entspricht 1,0854 USD.

Lösung mit Dreisatz:

$$1{,}0854 \text{ USD} = 1 \text{ €}$$

$$1 \text{ USD} = \frac{1 \text{ €}}{1{,}0854}$$

$$3\,250 \text{ USD} = \frac{1 \text{ €}}{1{,}0854 \cdot 3\,250{,}00}$$

$$3\,250{,}00 \text{ USD} = 2\,994{,}29 \text{ €}$$

## Aufgaben:

1. Im Ausland bezahlen Sie für folgende Waren und Dienstleistungen folgende Preise. Berechnen Sie jeweils in €.

   a) Eine Armbanduhr kostet in Zürich 100,00 CHF.
   b) Ein Hotelzimmer kostet in Bern 85,00 CHF.
   c) Eine Flasche Wein kostet in Budapest 690,00 Forint.
   d) Ein Mittagessen kostet in einem Gasthaus in Tschechien 300,00 Kronen.
   e) In den USA kostet eine Jeans 42,00 USD.
   f) In London wird für 55,00 GBP ein Hotelzimmer gebucht.
   g) Ein Kleidungsstück kostet in Stockholm 690,00 SEK.

2. In der Schweiz bezahlen Sie derzeit (Stand: 12.01.2016) für einen Liter Super Benzin 1,36 Schweizer Franken, in Deutschland 1,29 €.

   Vergleichen Sie die derzeitigen Benzinpreise und berechnen Sie die prozentualen Preisunterschiede.

3. In Ungarn kostet eine Blumenvase 6 500,00 Forint.

   Rechnen Sie diesen Betrag in Euro um.

4. In Kanada wird eine Rechnung über 1 750,00 CAD bezahlt.

   Wie viel Euro sind das?

5. Wie viele Devisen werden ausbezahlt, wenn folgende Beträge umgewechselt werden? (Zuschläge für Ankaufskurse der ausländischen Banken bleiben unberücksichtigt.)

   a) 800,00 € in USD
   b) 500,00 € in GBP
   c) 800,00 € in CAD
   d) 700,00 € in SEK
   e) 600,00 € in NOK
   f) 400,00 € in DKK
   g) 900,00 € in Zloty

6. Ein schwedischer Gärtner kauft in Hamburg Saatgut für 1 235,00 € ein.

   Wie viele SEK muss er dafür aufwenden?

7. Ein Schweizer kauft in Deutschland einen Blumenstrauß für 23,00 €.

   Wie viele CHF muss er dafür aufwenden?

# Sachwortverzeichnis

# Bildquellenverzeichnis:

Fotolia.com: S. 7, S. 25 (ThomBal), S. 9 (RGtimeline), S. 18 (ArtFamily), S. 66 (janmiko), S. 70 (PhotoSG), S. 75 (industrieblick), S. 83 (prophoto24), S. 87 (Jeanette Dietl), S. 94 (Romolo Tavani), S. 102 (scaliger), S. 109 (weerapat1003), S. 121 (BillionPhotos.com), S. 130 (pholidito), S. 141 (Franz Peter Rudolf), S. 150 (Rawpixel.com), S. 168 (weyo), S. 173 (WONG SZE FEI), S. 190 (Andrey Popov), S. 198 (Comugnero Silvana)

MEV Verlag GmbH, Augsburg: Seite 55

Cover: ThinkstockPotos (altrendo images), Fotolia.com: (Thomas Francois), (Friedberg), (mantinov)